虱目魚的身世

從台灣到世界，從產地到餐桌的完全考察。

台灣文化偵探 曹銘宗、虱目魚女王 盧靖穎——著

目次

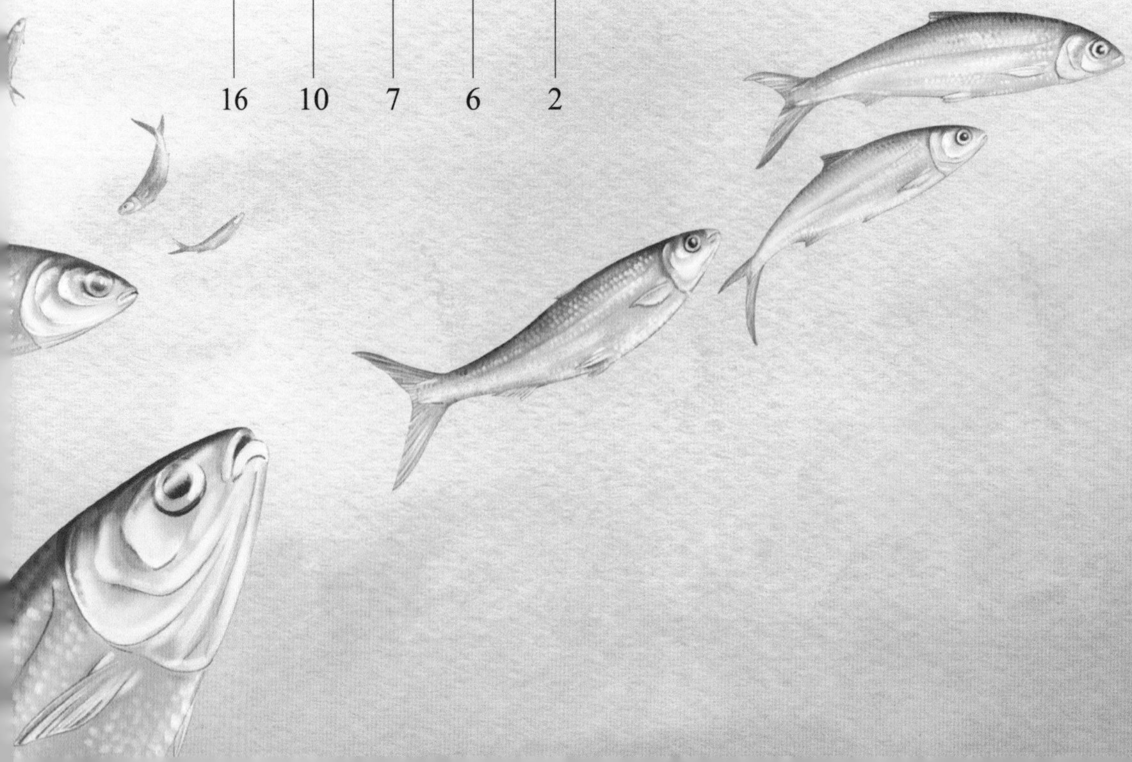

導讀　身世名字起源千萬不要含混

翁佳音

畏友年輕耆老曹善人與虱目魚女王盧靖穎聯袂撰寫之書要出版了，書中有些可能是新穎卻會有爭議的觀點，我也參與討論並贊同書中所論，不寫點學術意見以資證明，誠非朋友之道。

就如書名《身世》，與作者自序「為虱目魚立傳」所示，書中相當細緻地敘述虱目魚的世界分布、生態習性，以及國內養殖產業、烹飪料理、加工產品等等，可謂充分表現了「傳記」史書生動記事一面，應當會讓讀者不知不覺中愛上傳主虱目魚。本書重新檢視迄今各種虱目魚名稱起源，論辨其可信度與理屈之處。作者曹善人在書中一貫立足名源學，認為應是幾百年前的撈取魚苗從業者，看到海邊那些透明浮游群的眼睛如細小繁多蝨子，而有如此暱稱或謔稱。

作者推論是否確論，就等時間證明。但他有個非常重要的前提理論，就是回到庶民心智與觀察角度。他的《蚵仔煎的身世：台灣食物名小考》（二〇一六年）、《一午二紅沙，三鯧四馬鮫：台灣海產的身世》（二〇一八、二〇二三年）兩本「身世探源」之書，已淋漓盡致呈現這個理論。例如常見的「嘉鱲」，他從史料中有「交臘」、「過臘」等用語，以及臘月大出產之描述，推論與年末臘月盛產有關。「午仔魚（góu-á-hì）」也一樣，文獻言「內地端午間出，因以名之。台海出九、十月間」，可見此魚名稱起源在中國端午盛產，但台灣卻遲至農曆九、十月，生產時間有異，原來名稱或會因而被淡忘，而另有「鯃」、「魱」與端午少牽涉之用字。「午仔魚」與大約同時盛產的「土魠」，是傳統台灣大量魚獲種類，荷蘭文獻分別登記成：vijffvingersvisch（五指魚）與conincxvisch（國王魚），可見東西世界魚名互異，各有自己稱呼。

也許有人會舉目前某些學術界論點，來反駁本書主張的庶民觀察與命名習性。有學者推測土魠魚並非台灣（或中國閩粵）自己稱呼，是荷蘭人來台灣後發現而鼓勵漁民捕抓，還用葡萄牙語教漢人漁民如何叫該魚名稱（聲稱「土魠」是葡萄牙語），以及烹飪方法。這樣推論，放到歷史世界當然無法成立，至少土魠魚羹在福建漳泉是屬傳統料理，推論成歐洲人教台灣人，再由台灣人去教原鄉的中國人，好像不太合理。另有主張「據說」十五世紀印尼已有養殖虱目魚紀錄，約十七世紀傳到台灣與菲律賓。這個據說的學術主張亦有問題，至少日本時代水產調查，已明說菲律賓虱目魚養殖，約創始於一八六〇年代，遠遲於台灣。而且台菲之間並無互相模仿之跡象，養殖方法卻很相像（參見：南洋水產協会，《南洋水産》8(10)(89)，（1942-10）頁4：;台湾総督官房調查課

《南支那及南洋調查 第一四六輯》（1927），頁47。）由此可見，虱目魚養殖方法，在以前不一定要遠距離學習，自行發展亦屬可能。

另一方面，從語音相似角度，不少學者認定虱目魚應是來自西班牙語的Sábalo，曹善人與我也曾經相信過。然而，同樣站在語音比對，我們卻無法完善說明虱目魚原來叫「麻虱目」，為何「麻」音不見，Sábalo又多加個「ló」。進一步來說，至遲在十八世紀西班牙語的Sábalo指的是Clupea alosa，為鯡科；但虱目魚是Chanos chanos，是不同科不同種。到了十九世紀末，菲律賓與墨西哥的西班牙語Sábalo才用來指虱目魚。所以台灣從十七世紀開始就叫「麻虱目」與「虱目魚」，跟沒有技術傳承的十九世紀墨西哥、菲律賓之Sábalo，應該沒有名稱上的引用關係。

我之所以會贊成作者之魚苗眼睛如細小繁多蝨子的解釋，就前面所言，回到庶民觀點。虱目魚與土魠魚都是台海一帶的原生魚類，若照學者主張得等荷蘭人來教導開塭養殖與命名，固然在文化建構上具有「國際觀」，但對地方、國家自我認同上恐怕難逃偷惰之譏。畢竟，「港口瀦水飼魚為塭」、「塭者，沿壖築岸，納水其中：咸待魚繁，以資捕取」，可見沿海築堤養魚原來就是台海兩岸的古老傳統。《熱蘭遮城日誌》港潭出贌名單中有「Lonckjou gelegen bij Oeny」，如果我們認真點用古老傳統庶民觀點去翻譯，那麼可譯成「位於塭仔（Oeny）附近的龍蛟（潭）」，地點就在今天嘉義義竹鄉境內。

如此不再動輒訴諸荷蘭人引進、教導的動植物身世解釋，也許更能發現令人驚異的本土故事。就像荷蘭人還沒來之前，台灣有地方被稱為鬼怪嚇人的「魍港」，其實這跟魚獲有關，沿岸不少溪流入海處有張網捕魚，通常被稱為「網港」，但某些因素被書寫成「蚊港」、「莽港」，這都有文獻可證，不是純粹空想與推理。讀者若能像我畏友曹善人這樣，時時懷著追問歷史文物或動植物身世之謎的熱情，而且回到自己文化、語言去思考，真的會發現看起來像「番語」的麻虱目，原來是台語，我們腦中會浮起數百年前岸邊「撸魚栽」者，看到千萬雙細微的「蝨目」時，惱人的木蝨竟然會成為不那麼令人討厭的東西。

或許我們也會慶幸著名的新聞記者、歷史家，以及思想、評論家德富蘇峰（一八六三～一九五七）一九三〇年前後來台旅遊時，曾想將虱目魚改名，沒改成。中國改成「狀元魚」，好像也沒成功。虱目魚就這樣變成我們台灣的特色，而且應該如書中所言的，是值得繼續保留的特色。

翁佳音　中央研究院臺灣史研究所兼任研究員

專業推薦

虱目魚對台灣，尤其對台南來說，不僅是經濟作物，更是深植於台灣文化和歷史中的象徵。在這本虱目魚專書中，作者展現了對虱目魚的深厚熱忱與專業，將其從歷史、養殖技術、到飲食文化，完整地呈現給讀者。作為一名多年投入漁業的研究工作者，我深感虱目魚對台灣南部地區的重要性，也了解推動本土食材創新與國際化的困難與挑戰。

本書不僅以專業的角度多面向的內容探討虱目魚產業，更透過豐富的文化背景探索虱目魚的故事，讓這本書成為不僅僅是虱目魚愛好者，甚至是國際讀者了解台灣的虱目魚飲食文化的珍貴歷史。我相信這本書能喚起更多人對台灣虱目魚的關注，並激勵更多人投入推廣在地特色的行列。這本書不僅僅是知識的結晶，更是一份對故鄉與虱目魚的深情厚誼。

廖一久　世界科學院院士，中央研究院院士，國立臺灣海洋大學終身特聘教授

好評推薦

讀過不少曹老師的書，他對於食物的歷史典故與命名都有深入描述，但《虱目魚的身世》這本書，不只講歷史典故，也不只講美食滋味，更把養殖過程、養殖環境等產地知識都做了清楚描述，也提及了綠能光電對養殖漁業造成的衝擊。

這些描述的背後，呈現的是虱目魚之所以能夠成為台灣養殖魚種第一男主角，背後其實是眾多學者、業者與漁民們的共同努力，從魚卵、孵育、藻類、飼料、魚池深淺、季節溫度、撈捕、去刺……每一個環節背後都是無數的努力與專業。曹老師這本書，讓虱目魚變得更有滋味。虱目魚們應該會既感謝他又恨他。

——陳志東，產地記者

拜讀曹老師分別以人文歷史、風土資源乃至餐桌美味的多元角度，考察這飄香超過四百年的虱目魚，別說入口，光是瀏覽精彩圖文與史料，那股香氣便彷彿躍然紙上，令人嚮往。加上長年投入以虱目魚為主題，積極從事飲食與文化推廣的盧靖穎女士，搭配書中輪番登場的在地耆老、養殖業者以及與曹老師多年合作的學者專家提供口述歷史與寶貴經驗，讓這本書不但成為四百年來首次為虱目魚立傳注解之首，同時其中涵蓋面向既廣且深，也能讓我們透過腰瘦好吃的精采內容，一窺虱目魚的來龍去脈，及從虱目魚開展的世界觀。

——黃之暘，國立臺灣海洋大學水產養殖學系副教授

俗語講：「食米毋知米價。」台灣人常吃虱目魚，從頭、肚、肉、皮、尾、腸，都能吮得津津有味，民間說這種無齒之魚不會生病，可相當怕冷……讀這本《虱目魚的身世》，讓我們體認到對Milkfish之了解雖不訛，若能再增加歷史學、風土學、養殖學、解剖學、料理學、營養學之涵養，將如刺梗住的疑問化開，增益更多科學化且現代化的全面觀覽，也就是：「食虱目魚，嘛愛認捌虱目魚！」

——鄭順聰，作家

台江國家公園管理處自民國一〇九年起，與周邊私有魚塭業主合作推動「黑面琵鷺生態友善棲地營造計畫」，迄今已超過二五〇公頃。周邊甚多的淺坪式養殖魚塭，多年來改

變為混養虱目魚與文蛤、蝦等，每年冬天需輪流放水曬坪，以維持魚塭健康，也因此造就每年數量龐大的瀕危稀有保育鳥種黑面琵鷺及其他渡冬候鳥，均會來到台南地區覓食棲息，形成生態友善的虱目魚養殖環境。但養殖虱目魚不只對環境友善，也與台灣的歷史密切相關。本書從虱目魚的身世談起，專訪七〇年代成功研發虱目魚苗人工繁殖技術的廖一凡博士，和第一位在魚塭成功量產魚苗的林烈堂先生，台灣今天能如此量產虱目魚並行銷國際，他們首居其功，這些第一手專訪內容值得細讀。

——謝偉松，台江國家公園管理處處長

一尾魚，能從地理、歷史、文化、產業、生態、營養學、料理藝術等各領域，磅礡地「尾尾」道來，此書可謂獨步古今。

認識盧靖穎逾二十年，一路陪同、見證她的虱目魚創業路，魚之樂、魚之苦、魚之寶、魚之潮……她始終點滴在心。一生只為一尾魚，儘管事業形態與地點曲折無數，泉涸泉湧不改其志。如今與文史作家曹銘宗先生跨域聯手合作出書，游刃有「魚」，又創下另一個令人驚嘆的生涯里程碑。

——張庭庭，甦活創意管理顧問公司總經理／人文品牌顧問

序　為虱目魚立傳

曹銘宗

這本書讓你迅速而完整了解虱目魚，你會愛上或更愛虱目魚。

基隆有很多野生海魚可選擇，我是少數喜歡吃養殖虱目魚的基隆人。不只是吃，我也關注虱目魚的習性、身世，尤其與台灣歷史、文化的密切關係。

我撰寫的《蚵仔煎的身世：台灣食物名小考》（二〇一六年）、《一午二紅沙，三鯧四馬鮫：台灣海產的身世》（二〇一八年），都有虱目魚的專篇。我與翁佳音合著的《吃的台灣史》（二〇二一年），更把台灣養殖虱目魚的歷史推到荷蘭時代之前。

我會再以歷史文獻、跨國資料、田野調查、人物專訪等來撰寫這本虱目魚的專書，則是來自台南「虱目魚主題館」主人、台南女兒盧靖穎的邀約。

二〇二三年夏天，她請我去台南受訪及演講，一見面即提出寫作邀約，但我因有其他書約在身，對虱目魚養殖業的了解也不夠深入，故不敢馬上答應。

隨後，我在觀賞盧靖穎播放的虱目魚相關影片時，聽到她說：現在養的人、吃的人、認識的人都愈來愈老，可能變成「三老的魚」。她並呼籲：台灣人應該少吃黑鮪魚、多吃虱目魚。

當時我深受感動，才下決心與她合作撰寫這本書，並期許可以「為虱目魚立傳」。依司馬遷《史記》的人物列傳，其立傳的標準：「扶義倜儻，不令已失時，立功名於天下」，也就是：慷慨仗義、風流倜儻、把握時機、有功天下。如果有一部《台灣史記》，我想把虱目魚當成人物、寫入列傳，以彰顯虱目魚對台灣的重大貢獻。

在我眼中，虱目魚值得立傳的原因如下：

孤美之魚

虱目魚是少見一科一屬一種的魚，沒有近親。虱目魚眼睛很大，魚體呈流線紡錘形，被覆銀白色小圓鱗，看來非常亮麗而充滿活力。

上帝之魚

虱目魚可以生長在海水、半鹹水、淡水，方便在海岸建造魚池養殖，其抗病力強、成長速度快，堪稱上天創造、賜給台灣人的禮物。

德行之魚

虱目魚性格溫和，沒有牙齒，主要以水中藻類為食，故稱「海草魚」。虱目魚與文蛤、蝦子混養，可清除藻類、淨化水質，故稱「工作魚」。虱目魚供人食用，但離水即死，不讓人因看見宰殺活魚而不忍食之。

奉獻之魚

虱目魚新鮮、美味又營養，富含優質的蛋白質、脂肪，以及礦物質、維生素，其價格相對低廉，造福廣大庶民。虱目魚的利用，近年因生物科技已達到「全魚利用」。

台灣之魚

全世界養殖虱目魚的三大國：印尼、菲律賓、台灣，台灣因有冬季，所以要付出更多心力。虱目魚經由養殖連結台灣的人民與土地，成為台灣歷史最久、規模最大的養殖漁業，不但造就獨特的虱目魚文化，也建構了文化認同。

永續之魚

虱目魚是台灣的歷史之魚，也是未來之魚。當今人類面臨海洋漁源枯竭，虱目魚是符合永續發展的養殖魚類，也是解決糧食問題的優良魚種。台灣的虱目魚養殖技術領先全球，在生態保育、永續漁業上將扮演更重要的角色。

本書以全球視野、全方位觀點來書寫虱目魚，包括魚種、命名、特徵、生態習性、世界分布、養殖產業、烹飪料理、加工產品、營養價值等。

本書也敘述台灣如何領先世界發展虱目魚的「完全養殖」、「全魚利用」？台灣如何建立獨樹一幟的虱目魚文化？進而建構地方、國家的文化認同。

有關虱目魚之名由來的各種說法，包括台語的「𧋘目魚」、「殺目魚」、「什麼魚」、「莫說無」、「塞目魚」，日語的「サバ」（saba），西班牙語的Sabalo，平埔族西拉雅語的「麻虱」（與「眼睛」（Mata）諧音），本書都分析其可信度。

本書並提出新的說法：從庶民觀點來看，台灣人對虱目魚的第一印象，來自早年在海邊撈取的虱目魚苗，只見其全身透明，兩個眼睛像黑點，有如蝨子（虱子），故有台語「虱目」之說。早年最常見的虱子叫「木虱」，據此可推測此魚的全稱是「木虱目」，後來轉為諧音的「麻虱目」，簡稱「虱目」。此說可符合「虱目」、「麻虱目」兩種魚名，更具說服力。

至於虱目魚的各種別稱，包括台語的「國姓魚」、「國聖魚」、「安平魚」、「皇帝魚」、「海草魚」，以及華語的「狀元魚」、「遮目魚」等由來，本書也都有詳細說明。

虱目魚苗的人工繁殖及量產技術，台灣在一九八〇年前後率先全球研發成功。本書作者找到當時最關鍵的兩位台灣人物：在基隆的國立臺灣海洋大學，訪問了台灣水產養殖學者廖一久；在屏東佳冬的虱目魚苗繁殖場，訪問了台灣水產養殖業者林烈堂。

有關台灣傳統虱目魚養殖產業的管理制度，以及相關的台語專用名詞，本書作者邀請中研院臺史所兼任研究員翁佳音同行，在台南四草的生態養殖魚塭旁，訪問了台江耆老、台南市紅樹林保護協會前理事長吳新華。

虱目魚以多刺著稱，其細刺形狀如何？真的一共有兩百二十二根刺嗎？本書作者引用國立臺灣海洋大學水產養殖學系陳易辰碩士論文《虱目魚膜內骨型態發育研究》（二〇一六年），並訪問國立臺灣海洋大學環境生物與漁業科學系博士後研究員江俊億，提出了說明和解釋。

國立臺灣海洋大學水產養殖學系副教授、《怪奇海產店》作者黃之暘，也接受本書作者的詢問，提供有關虱目魚學名、特徵等的專業解答。

有關虱目魚的除刺技術，本書也討論了在台灣、菲律賓、印尼採用的各種方法。虱目魚的營養價值，台灣、菲律賓、印尼的虱目魚料理，以及台灣研發加工產品、開發外銷市場的成果，本書也都有寫入。

總之，虱目魚不只「台南家魚」，也是「台灣之光」。希望台灣的年輕人多吃虱目魚，不但可讓野生魚類休養生息，也有助減少進口魚類、降低碳排放量，更能夠鼓勵台灣的虱目魚養殖產業，延續並發揚光大台灣的虱目魚文化。

序　虱目魚是我的貴人

盧靖穎

我是盧靖穎，台南的女兒、台北的媳婦。二〇〇三年，因思念家鄉的味道，也為了尋找人生的價值，我以不到十萬元的資本，開始了虱目魚的網路創業旅程。當時，我無法預見這將成為我一生中最重要的經歷。然而，這段旅程不僅改變了我的生活，也影響了虱目魚產業。

創辦府城館的起點

創業初期，我僅是一名熱愛虱目魚的家庭主婦，對這個產業全然陌生，既沒有背景財力，也沒有產業資源，甚至不知道魚養在哪裡？我走訪了許多漁民、農漁會和加工廠，大家對我的創業構想抱有很大質疑，認為虱目魚多刺、便宜、無未來。但我心中有一個願景：即便虱目魚難以登上大雅之堂，有朝一日，我希望能帶領它「魚躍龍門」。

創業的前十年，我做了兩件至今對產業和公司影響深遠的事。首先是「去除吃魚的障礙」，虱目魚多刺是最大的困擾，去除魚刺後，吃虱目魚變得不再麻煩。其次是「不僅將魚當作魚使用」，透過切割拆解，每個部位都有很好的應用，開發出多種創新產品，如純虱目魚菲力水餃、虱目魚香腸，甚至虱目魚冰棒和保健保養品。

虱目魚四百年

虱目魚在臺灣的歷史意義可從多個角度來探討。首先，虱目魚是臺灣重要的傳統食材之一，其飲食文化意涵深遠。其次，虱目魚在臺灣漁業發展中也扮演了重要角色，其養殖產業發展歷史具有重大意義。此外，虱目魚還是臺灣重要的出口產品之一，因此從經濟發展的角度來探討其在臺灣國際市場的地位也頗具價值。虱目魚全魚是寶，無論在歷史、文化、產業經濟、生態環境，甚至觀光旅遊和生技環保等領域，都有許多成就和貢獻。臺南更是美食之都，臺南人吃魚成精，刨刀解魚之術更是神乎其技，將虱目魚的刺奇妙地去除，將虱目魚多元完整的做了應用。

二〇二四年，正逢臺南建城四百年，也可說是臺灣虱目魚養殖的四百年。臺南虱目魚養殖開啟了臺灣漁業養殖，我們無法親身經歷過去的三百年，也無法預見未來，然而因為從事虱目魚產業，我對這個產業投注了無限的熱情，於是萌生了為虱目魚立傳的想法。我希望在臺南建城四百年慶典之際，為虱目魚產業在臺灣和臺南的歷史、發展成就，以及庶民生活中的文化底蘊，做一個完整且多面向的紀錄。這項浩大工程憑一己之力難以完成，但我非常榮幸能得到曹銘宗老師的鼎力相助，以及貓頭鷹出版社和小芳編輯的支持與協助。雖然我無法親見虱目魚五百年的未來，但我期望百年後，這本虱目魚的傳記仍能流傳。

天魚八部

曹老師在撰寫此書時以全球視野來思考，從虱目魚的身世、魚種、特徵、習性、生態，以及其在世界地圖上的分布與養殖繁殖等多方位的觀點切入，展現虱目魚產業的豐富內涵。我個人更將虱目魚視為「天魚八部」來細細品讀。

◆魚之首

以「虱目魚魚頭」為代表，講述虱目魚在臺灣的故事，從十七世紀荷蘭人時代從印尼引進至今近四百年的歷史說起。虱目魚命名的由來，以及它在台灣養殖產業的起源，故事動人。

◆魚之寶

以「虱目魚魚肚」象徵，探討虱目魚的生態養殖繁殖與營養價值，並描述虱目魚與其好朋友魚蝦、文蛤之間的生態關係。虱目魚的魚塭更是人鳥共享的大地餐桌，內容豐富且趣味十足。

◆魚之常

以「虱目魚魚腸」為代表，訴說虱目魚庶民情感文化底蘊，從生活智慧衍生出如數魚苗歌、虱目魚文學等，精彩引人入勝。

◆魚之嶺

以「虱目魚魚嶺」象徵，講述虱目魚產業的成就，展示國內養殖繁殖技術與創新應用，並探討虱目魚魚塭作為生態環境友善棲地的角色。

◆魚之潮

以「虱目魚魚皮」為象徵，描述近年來各界對虱目魚產業的行銷推廣努力，包含虱目魚傳統美食創新開發、食魚教育及展銷活動，堪稱農業推廣的潮流代表。

◆魚之華

以「虱目魚魚菲力」為代表，講述虱目魚料理在臺南的經典地位，從古早味的傳承到創意開發，展現了虱目魚在美食之都的光芒。

◆魚之事

以「虱目魚魚刺」為象徵，探討虱目魚多刺的特性，並描述台南人如何透過精湛的刀工將其完美去刺，展現了虱目魚在食客心中的魅力。

◆魚之鑽

以「虱目魚鱗」象徵化廢為寶的精神，探討虱目魚養殖區的可持續性發展，從大魚繁殖到成魚養殖及後端漁產品加工加值應用，展望永續漁業與永續海洋的未來。

這輩子能因為虱目魚的創業且見證了虱目魚產業的蛻變，我的人生因此精彩與榮耀，並獲得自我價值的肯定，我感到非常幸運。若虱目魚是一個人，它無疑是我的貴人；若能為其立傳，此生足矣！

兩位作者曹銘宗、盧靖穎與本書推薦人翁佳音（由左至右），在台南虱目魚臍料理餐廳前合影。

虱目魚的身世

第 1 章

在分類學名上，虱目魚（Chanos chanos）是「虱目魚科」（Chanidae）現存唯一的物種，也就是一科一屬一種、沒有近親的魚。虱目魚科曾經有超過五個屬，但在六千萬年前的「白堊紀」（Cretaceous）地質年代已經滅絕。

01 以「張口」命名的魚

虱目魚是「重名」（Tautonym）的學名，其屬名、種名都是Chanos，其語源在拉丁文、古希臘文是「嘴巴張開」

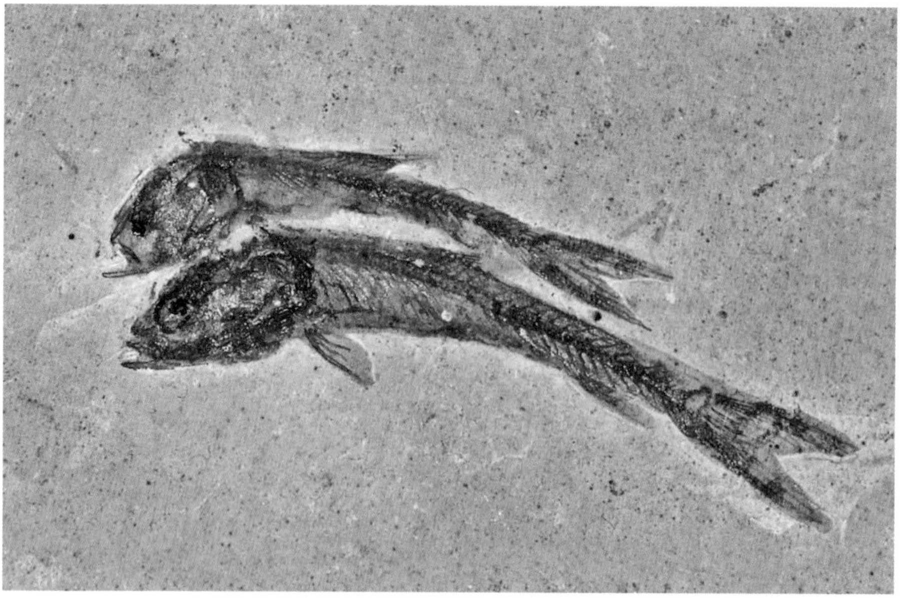

巴西博物館收藏的虱目魚近親化石，和虱目魚同科但不同屬與種，此於為Dastilbe屬，D. crandalli種。

之意，《世界魚類資料庫》（FishBase）的注解是：Mouth opened。

此魚的「模式種產地」（原始標本產地），來自沙烏地阿拉伯麥加省、紅海東岸的港口城市吉達（阿拉伯語Jidda）。

瑞典生物學家彼得・福斯科爾（瑞典語Peter Forsskål，一七三二～一七六三）曾使用此地的標本，最早以Mugil chanos為名發表。Mugil是Mullet（鯔科，烏魚）的一個屬名，因為他看到虱目魚跟烏魚長得很像，故有Mugil chanos之名。

以此來看，Chanos最先用在種名，而種名是描述某一特徵，可見命名者對虱目魚的印象就是其嘴巴是張開的。

因此，香港魚類學會根據Chanos的語源稱此魚為「張口魚」，並以「張口魚科」相對於台灣的「虱目魚科」、中國的「遮目魚科」。

瑞典生物學家彼得・福斯科爾。

為什麼虱目魚會經常張口，成為命名的特徵？

國立臺灣海洋大學水產養殖學系副教授、《怪奇海產店》作者黃之暘說，虱目魚經常張口主要有三個原因：

1. 覓食。

2. 呼吸，交換氣體。

3. 調節鹽分，平衡滲透壓，因為虱目魚可以生活在鹽度大幅變化的水域，其環境會受潮汐鹽度變化的影響。

黃之暘指出，後兩者都必須從由口腔讓水流藉由胸鰭運動來帶動，以提升效率。根據一般觀察，虱目魚塭如果有水溫升高、水質汙染的情形，都會造成水中溶氧量下降，此時虱目魚可能浮上水面，張口呼吸。在漁船停靠的港區，野生虱目魚也可能有此現象。

我的臉友鄭有志想到台灣作家楊敏盛的散文〈流銀虱目魚〉，文中對虱目魚的張口有生動的描述：

虱目魚膽小，你想看牠，得保持距離，莫弄出聲響。通常，牠只露出嘴巴吃水面上的藻或蟲，水濁，你瞧不到全身。

虱目魚經常張開嘴巴，故其學名Chanos的語源是嘴巴張開的意思。

02

虱目魚的特徵

野生虱目魚一般體長一百公分，最大體長一百八十公分。根據FishBase，此魚所知最重十四公斤，年齡最大是十五歲。

《台灣魚類資料庫》還提及台灣人強調虱目魚的特徵：「眼大，脂性眼瞼非常發達」，覆蓋了眼睛。此一特徵，產生了台語魚名「虱目」源自「塞目」的說法。

不過台灣人也很熟悉的烏魚、午魚，都有類似的「脂性眼瞼」。

魚類的「脂性眼瞼」（Adipose eye-lid）有什麼功能？

- 魚類浮上水面攝食時，脂性眼瞼有助眼睛適應過強的陽光。
- 魚類快速游泳時，脂性眼瞼可保護眼睛。

野生的虱目魚可長到180公分。
養殖的虱目魚一般體長為30～40公分。

虱目魚的特徵

尾鰭大而深分叉。
身體延長、稍側扁，
呈流線紡錘形。
背部橄欖綠色。
嘴巴小又尖，
沒有牙齒。
身體被覆細小的圓鱗。
體側下方和腹部銀白色。

03 虱目魚的生態習性

虱目魚屬中底層（Benthopelagic）、河海洄游（Amphidromous）的廣鹽性（Euryhaline）魚種，可生長在海水、淡水、半鹹水（Brackish water），通常棲息在島嶼周圍、大陸棚沿岸的熱帶近海水域，深度一至三十公尺，溫度攝氏十五至四十三度，也經常進入河口及河流。

虱目魚游泳速度很快，喜歡群集，性格溫和，容易受驚。

虱目魚的生殖腺約五歲才能成熟，在海水中產卵、受精。雌魚依年齡、體型大小，其產卵數在一百五十萬至五百萬之間，約一

虱目魚的幼魚。

天即可孵化。魚苗會游向溫度較高、浮游生物豐富的河口。幼魚會在河口濕地定居，偶爾進入河流，在長到亞成魚後才返回海洋。

虱目魚分布於印度洋、太平洋的熱帶、亞熱帶海域，西從紅海、南非，東至美國南加州、南美洲北部，北從日本南部，南至澳洲南部。

在台灣，野生虱目魚分布在台灣島四周及離島海域，棲息在近海沿岸、潟湖、礁區、沙泥底、河口、溪流。

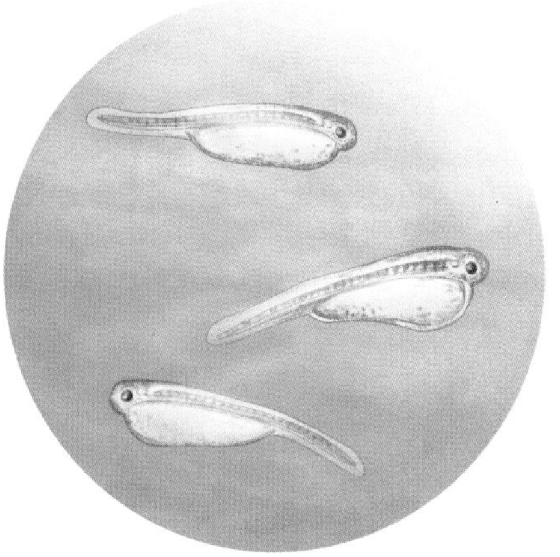

04 虱目魚是上天恩賜人類的食物

野生虱目魚是雜食性，主要以海中的藻類、浮游生物、小型底棲生物，以及無脊椎動物的沉積物等為食，所以很適合在海邊建造魚池養殖。

最早的虱目魚養殖，都是在海邊建造魚池，再撈取魚苗來養殖，並利用海水漲退潮的潮差來自然換水。

從人類的觀點來看，虱目魚堪稱上天恩賜的食物。虱目魚從海水到淡水不同鹽度的環境都能存活，抗病力也強、相對容易養殖，而且成長快速、單位面積產量高。

當今人類面臨海洋漁源枯竭，虱目魚是符合永續發展的養殖魚類，也是解決糧食問題的優良魚種。

為因應海洋資源的枯竭，自2011年起中研院和海魚基金會共同出版「臺灣海鮮選擇指南」鼓勵民眾買對魚、吃對魚。虱目魚也名列這份指南之中。

世界的虱目魚

第2章

野生虱目魚分布於印度洋、太平洋的熱帶、亞熱帶海域，在世界很多地方都是食用的魚類，也有各自不同的名字。

01

世界通稱牛奶魚

虱目魚在全世界通用的英語名字是Milkfish，直譯就是「牛奶魚」，此魚與牛奶有何關係？

本書作者之一、台灣文史作家曹銘宗在《蚵仔煎的身世：台灣食物名小考》（二〇一六年）一書中，提及一般對「牛奶魚」之名由來的說法：

◆ 虱目魚魚體、魚肉的顏色有如牛奶。

◆ 虱目魚富含蛋白質，最早的烹飪是用烤的，烤熟時魚身會滲出蛋白有如牛奶。

A-Z Animals（線上動物百科全書）對牛奶魚由來的說法如下：虱目魚白色、薄片狀的肉，煮熟後很鮮嫩。經過蒸、煎或烤後，肉的顏色很像牛奶（After being steamed, pan-fried, or seared, the meat has a color closely resembling milk）。

中央研究院院士、虱目魚苗專家廖一久認為，虱目魚的特徵之一是銀白色的魚鱗，愈小愈明顯，應該就是以「牛奶」為魚名的由來。

不過，台灣自由作家陳峙維在Yahoo奇摩新聞的【陳峙維專欄】（二〇二四年一月三日）中指出，曹銘宗只是參考民間說法，並沒有針對英文字源進行考據，於是他從《牛津

英語詞典》著手，尋找牛奶魚的詞源。

根據陳峙維的說法：Milkfish首見於一八八〇年刊載在《新南威爾斯林奈學會會刊》（*Proceedings of the Linnean Society of New South Wales*）中的一篇文章，文中說明：這種魚之所以稱為牛奶魚，或棉花魚，是因為魚皮會散發白色黏稠液體，會像棉絮一樣沾黏在物品上。一八九八年出版的《澳洲英語詞典》（*Austral English*）收錄了這個字，並引用前述文章裡的文字做為例句，Milkfish自此正式進入英語世界。

02 全球最早養殖虱目魚的紀錄在印尼

在印尼，虱目魚稱之Bandeng，目前印尼擁有全世界最早養殖虱目魚的紀錄。

根據聯合國糧農組織（UNFAO）有關虱目魚養殖的資料，以「半鹹水魚池」（印尼文Tambak）養殖虱目魚，最早在十五世紀之前印尼爪哇島的東部，以及爪哇島東北

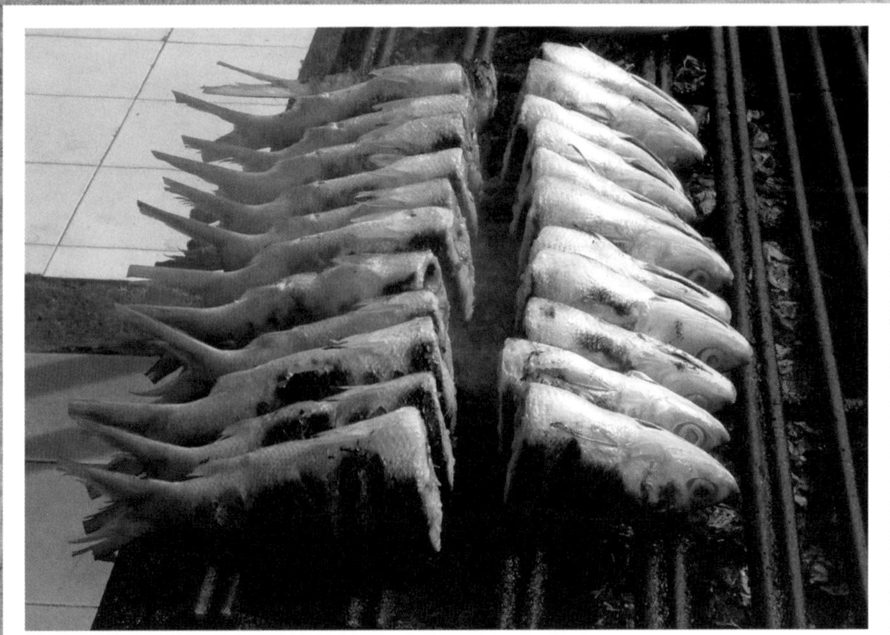

印尼雅加達烤虱目魚

方的島嶼馬都拉（Madura）。此一資料是根據荷蘭文獻的記載：在一四〇〇年爪哇人的法律中，從Tambak偷魚的人會被處罰。

上述的荷蘭文獻，出自荷蘭人舒斯特（Schuster, W. H.）的荷蘭語著作，一九五二年在印尼出版英語譯本：*Fish-Culture in Brackish-Water Ponds of Java*，中文直譯：「爪哇半鹹水池的魚類養殖」。

Tambak在印尼文、馬來文指魚池（英文fishpond），也有堤岸（英文embankment）、土堆的意思。菲律賓文也有Tambak，指的也是堤岸、土堆。

印尼至今盛行養殖虱目魚，所以有人認為，虱目魚養殖可能從印尼傳到菲律賓，再傳到台灣。

台南的文人醫師吳新榮（一九〇七～一九七六）在《南臺灣采風錄》書中說，十七世紀荷蘭人殖民台灣期間，從東南亞的殖民地印尼找了當地的華人來台灣養殖虱目魚。

但中研院臺史所兼任研究員翁佳音認為，荷蘭人從印尼找華人來台灣養殖虱目魚的說法，應該出於推測，因為荷蘭文獻中並沒有紀錄，而荷蘭文獻有記載從閩粵招師傅來台灣種植甘蔗、蠶葉（桑葉）等。

翁佳音說，根據台灣日治時期日本學者的調查研究，印尼、菲律賓、台灣都有養殖虱目魚，養殖方法也很相像，但看不出有互相學習的跡象，並提及十七世紀印尼人會把養殖的虱目魚賣給當地的華人，顯示華人也喜歡吃虱目魚。

03 虱目魚堪稱菲律賓的國魚

根據菲律賓人的說法，菲律賓在十三世紀就有虱目魚養殖，再散播到印尼、台灣及太平洋島嶼。

在菲律賓，虱目魚一般稱之Bangus或Bangos。Bangus是他加祿語（Tagalog），Bangos被認為來自菲律賓中部維薩亞斯（Visayas）地區的語言。

另外，菲律賓有人稱虱目魚的幼魚為Bangus、成魚為Sabalo，或稱養殖的虱目魚為Bangus、野生的大虱目魚為Sabalo。

Sabalo是西班牙語，西班牙歐洲本土沒有虱目魚，Sabalo本指鯡科魚類（英語Shad），但也用來泛稱其殖民地中南美洲、東南亞海域的虱目魚。美洲的西班牙語則稱虱目魚為Sabalote。

菲律賓的虱目魚養殖非常興盛，虱目魚也是該國的重要海產，因食用人口眾多，故被稱為「國魚」（National fish）。不過，菲律賓政府國家文化藝術委員會（National Commission for Culture and the Arts）已經聲明，虱目魚是菲律賓國魚之說，並沒有法律依據。

在呂宋島北部邦阿西楠省（Pangasinan）的達古潘市（Dagupan，當地福建話稱之「拉牛坂」），以養殖虱目魚著稱，不但產量最多，魚肉也最多汁好吃，每年舉行虱目魚節，號稱「世界虱目魚首都」（World's Bangus Capital）。

菲律賓呂宋島的虱目魚節。

04 世界各地的虱目魚

印尼、菲律賓、台灣都有悠久的虱目魚養殖史，目前也是世界三大虱目魚養殖國，其他還有小規模養殖虱目魚的國家。

在島嶼東南亞，馬來西亞、新加坡也有小規模養殖虱目魚，新加坡主要在南部海域及柔佛海峽（Johor Strait）。

馬來語、印尼語都稱之Bandeng，新馬的華人社會或跟著台灣叫「蝨目魚」，或直譯英文Milkfish稱之「牛奶魚」。

馬來西亞華人有一種說法：此魚因營養價值等於牛奶，在魚苗時期食用奶粉，故得名「牛奶魚」。

在印度，虱目魚的官方印度文音譯英文Milkfish為羅馬拼音Milkaphish，民間則俗稱Paal Kendai、Poo Meen。

印度也發展虱目魚養殖，主要在印度最南方的坦米爾那都（Tamil Nadu），南臨印度洋，以及西南方的喀拉拉（Kerala），臨近阿拉伯海。

在越南，虱目魚稱之Cá măng sữa，越南文cá是魚，sữa是牛奶，其命名來自英文的牛奶魚。

越南地方上俗稱虱目魚為尖嘴鱸魚（Cá chẽm），也有稱之酸魚（Cá chua）。越南的虱目魚以酸為名，推測因虱目魚富含脂肪酸、胺基酸而魚肉較酸，但也有說是比喻養殖虱目魚

的辛苦和焦慮。

台灣的越南配偶則有稱虱目魚為「符吉酸魚」（Cá chua Phù Cát），符吉是越南中南部沿海平定省的一個縣，其半鹹水的潟湖以養殖虱目魚著稱。

另有「符美酸魚」（Cá chua Phù Mỹ）則來自平定省的符美縣，有網路銷售指其肉質含天然的淡酸風味。

中國沿海和香港都沒有養殖虱目魚，也不常食用野生虱目魚。在香港民間，虱目魚的用字是「蝨目魚」（蝨同虱），也稱「牛奶魚」。

在日本，虱目魚稱之サバヒー（Sabahii，sabahī），其發音源自台語sat-ba̍k-hî，其漢字「虱目魚」也源自台灣。

為什麼日文漢字不是源自華語？而是源自台灣的台語？因為多年來有大量日本人來台灣旅遊，其中有很多人喜歡吃台灣的虱目魚，而且聽到的大都是台語發音。

不過，日本有的地方也直接以日文音譯Milkfish稱之ミルクフィッシュ（Miruku-fisshu）。

日本海域有野生虱目魚出沒，主要在九州的宮崎、鹿兒島、沖繩，也有人食用。此外，日本人也進口廉價的冷凍虱目魚。

在太平洋島嶼，虱目魚也有不同的名字，北太平洋的夏威夷稱之Awa，南太平洋的諾魯稱之Ibiya，馬克薩斯群島、大溪地稱之Awa。

多年來，台灣也支援吉里巴斯、斐濟、帛琉等太平洋島嶼友邦的虱目魚養殖及魚苗培育技術。

在帛琉、夏威夷等地的虱目魚養殖，以長到約十五公分的活魚，賣給鮪釣船當活餌。

05

中國南方沿海沒有虱目魚文化

虱目魚分布的範圍雖然很大，但不是每個地方都有養殖，除了歷史悠久、規模很大的印尼、菲律賓、台灣之外，相對規模較小的還有馬來西亞、新加坡、印度、越南等，以及太平洋島嶼國家。

全球主要的虱目魚養殖區域，包括南亞、東南亞、東亞，台灣位在最北。然而，在台灣海峽對岸的中國南方沿海，雖然與台灣有很多相近的飲食文化，卻沒有虱目魚文化。

有一個中國視頻（影音檔案）的標題：「虱目魚，赫赫有名的台灣第一魚，為何在大陸沿海默默無聞？」

二〇一六年，報載因台灣蔡英文政府不承認九二共識，中國福建水產商終止與台南學甲的虱目魚契作。然而，台灣虱目魚無法打進對岸市場，到底是政治因素？行銷問題？還是涉及飲食文化？必須釐清。

所謂終止契作，精確的說法應該是：二〇一一年國台辦副主任鄭立中促成兩岸展開五年虱目魚契作，二〇一六年期滿不再續約。為什麼不再續約？或許與政治有關，但主要原因恐怕是對岸一般民眾無法接受養殖、多刺、整尾冷凍進口的虱目魚，這不是改名「狀元魚」就能解決。

事實上，自二〇一五年起，福建水產商在台灣收購虱目魚後就全數在台灣轉售，一尾也沒跨過台灣海峽。台灣雖然仍有少量非契作虱目魚銷到對岸，但大都只在台菜餐廳及台資超市販賣，消費者主要是台灣人。

總之，中國也有發達的養殖漁業，但沒有養殖及食用虱目魚的歷史與文化。中國有「四大家魚」的說法，指淡水養殖的草魚、青魚（烏鰡）、鰱魚（白鰱）、鱅魚（大頭鰱）。台灣也有淡水魚養殖，但更大規模、半鹹水養殖的虱目魚，才被稱為「台南家魚」、「南台灣家魚」。

06

牛奶魚聯盟

社群網路有一個「奶茶聯盟」（Milk Tea Alliance），最早以泰國奶茶、台灣珍珠奶茶、香港絲襪奶茶形成，後來擴及澳洲、蒙古、印度、緬甸、越南、柬埔寨、馬來西亞等。

以此來看，或可組「牛奶魚聯盟」（Milk fish Alliance），包括台灣、菲律賓、印尼、馬來西亞、新加坡、越南、印度、帛琉等。

07

虱目魚也是遊戲魚、運動魚

世界各地的野生虱目魚，除了食用，也是一種休閒的「遊戲魚」（Game fish）。這種魚類因體型、力氣較大，或游泳速度很快，甚至兇猛具攻擊性，讓釣者必須消耗體力、承擔風險才能釣到，其釣魚過程被視為運動競技，故也稱「運動魚」（Sport fish）。

根據「國際釣魚運動協會」（International Game Fish Association）在網路上介紹野生虱目魚的文章：對釣者來說，虱目魚有如魚雷般的身體，超大而分叉的尾鰭，因而被視為難纏的「叉尾魔鬼」（Fork-tailed devil），難釣的「千拋之魚」（Fish of a thousand casts），堪稱世界級的挑戰對手，想要釣到一尾就是一項艱鉅的工作。

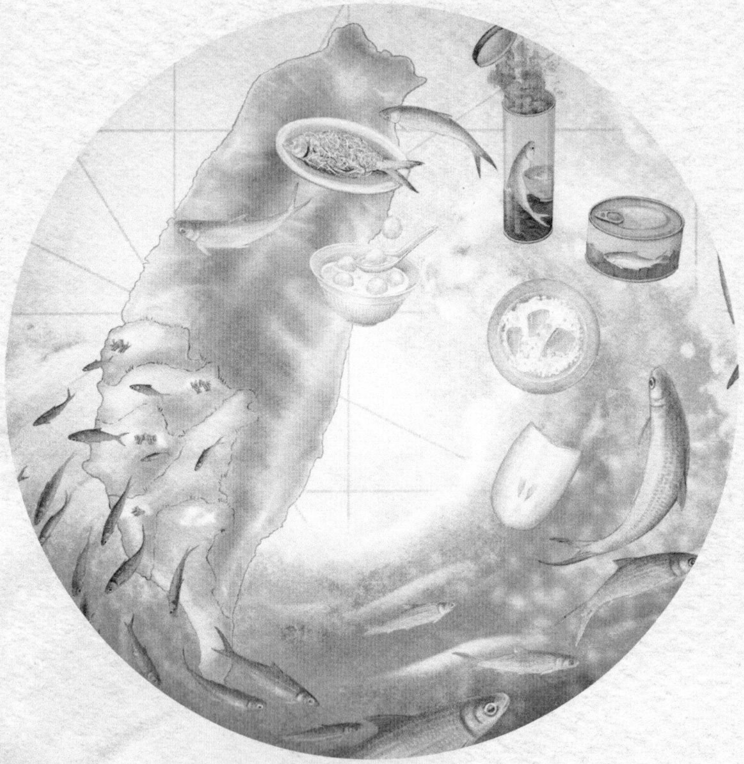

台灣的虱目魚文化

第3章

當今台灣虱目魚養殖的技術和規模都是世界第一，台灣從什麼時候、什麼地方開始養殖虱目魚？

01 南台灣何時開始養殖虱目魚

一般說法是十七世紀荷蘭人殖民台灣期間（一六二四～一六六二）從其東南亞殖民地印尼引進，但此說並沒有直接的證據。

根據荷蘭文獻，中研院臺史所兼任研究員翁佳音在《吃的台灣史》（與本書作者曹銘宗合著，二〇二一年）指出，荷蘭人在台灣從一六四四年開始課徵漁業稅，所以在一六四七年出現「Oynij」的紀錄，主要在台南麻豆、嘉義義竹東邊一帶。

荷蘭文Oynij，其發音從台語來看就是「塭仔」（ùn-á），即魚塭，在海岸引進海水的養殖魚池，類似印尼爪哇的Tambak（半鹹水魚池或海堤）。

台灣先民最早在海岸興建的魚池，除了「塭」，還有「滬」（hōo）。最簡易的方法就是在海邊以「硓𥑮石」（lóo-kóo-tsio̍h，珊瑚礁石灰岩）圍成水池，稱之「石滬」，因利用潮差捕魚，故要挑選適合位置。後來，「塭」未必緊鄰海邊，可用抽水機抽取海水。

根據清乾隆范咸《重修臺灣府志》（一七四五年）引用尹士俍《臺灣志略》（一七三八年）的說法：「塭者，就海坪築岸納水蓄魚而名」，「滬用石塊圍築海坪之中，水滿，魚藏其內；水汐，則捕之」。

J fol. 582

Adij 27en dito. Windt en weder noch vast in voorigen doen.

Op heden zijn de naervolgende visscherijen, volgens billjet op 19en deser aengeslagen, aen de meestbiedende voor een jaer verpacht, te weten:

twee plaetsen geheten Wanckan	voor ra.	200
1 dito Caya		70
1 dito Oynij		125
1 dito Mattaukangh off de rivier van Mattau, zullende zoowel voor als in gemelte revier ter gewoondelijcker plaetse gevischt werden		90
1 dito Lamkjoe		90
1 dito Cattia-atau		90
1 dito Ouwangh		50
2 dito's Lackemoy en Gaya		100
t'samen uytbrengende ra.		815

一六四七年四月《熱蘭遮城日誌》第四冊中記載出贌的漁場，有台南安平附近的Caya（隙仔港），以及台南沿海一帶的Oynij（塭仔）。

不過，當年荷蘭人並未說明「塭仔」裡養的是什麼魚？由於清代台灣方志記載魚塭中生產「麻虱目」，因此據以推論在荷蘭時代已經有虱目魚養殖。

清台灣方志最早提及虱目魚及魚塭，在清康熙高拱乾《臺灣府志》（一六九六年）：「草埔五塭在安定里，夏秋產麻虱目魚。」

另外，就算台灣在荷蘭時代已經養殖虱目魚，也不代表最早是由荷蘭人引進，因為《熱蘭遮城日誌》中並沒有荷蘭人帶來任何魚苗的紀錄。荷蘭人殖民台灣雖然重視貿易獲利，但當時南台灣的主要經濟魚類是烏魚、塗魠。

如果說台灣在荷蘭時代之前就有虱目魚養殖，而且是源自東南亞，那麼就有兩種可能：

◆ **台灣原住民引進**：台灣、東南亞的南島語族，自古就有往來，形成「南島語族文化圈」，可能引進虱目魚養殖來台灣。

◆ **華人引進**：在十六世紀或更早，從中國閩粵移民海外、同屬閩南語系的漳州人、泉州人、潮州人，形成「漳泉潮文化圈」，在東南亞與台灣之間互有往來，可能引進虱目魚養殖來台灣。

以此看來，台灣養殖虱目魚的歷史可能推到四、五百年前或更早。另外，南台灣海域本來就有野生虱目魚及其魚苗，所以也不能排除先民自行發展虱目魚養殖的可能。

02 「虱目」魚名由來的各種說法

在台灣，虱目魚之名由來有很多說法，雖然可以排除胡說、誤傳，但也沒有定論。

台灣文獻最早記載虱目魚，根據清康熙蔣毓英《臺灣府志》（一六八五年）：「麻虱目水波化生，倏而大，倏而無，其味極佳。」虱目魚的魚苗出於水波，長大後游泳很快，在水中翻浪，其銀白魚體一下子出現，一下子就不見蹤影。

以此來看，此魚最早的全稱是「麻虱目」（台語音muâ-sat-ba̍k），後來簡稱「虱目」（台語音sat-ba̍k），至今通稱「虱目魚」，台語常暱稱「虱目仔」。

然而，從漢字「麻虱目」看不出直接的意思，所以無法確定此魚命名的由來。

目前，有關虱目魚之名由來的說法，大都根據「虱目」二字的聯想，有沒有道理？分析如下：

蝨目魚

華語字典「虱」同「蝨」，或說「虱」是「蝨」的異體字（讀音、意義相同但字形不同的漢字），蝨子是常見寄生在人或牲畜身體上吸血的小昆蟲，台語稱之「蝨」（sat）。虱目魚的魚苗全身透明，兩個眼睛像黑點，有如蝨子，所以才叫「蝨目」。

此說直指「虱目」二字是對的，並不是諧音字。不過，此說因涉及蝨子，被認為不雅，故較少提及。另外，此說也無法解釋三個字的「麻虱

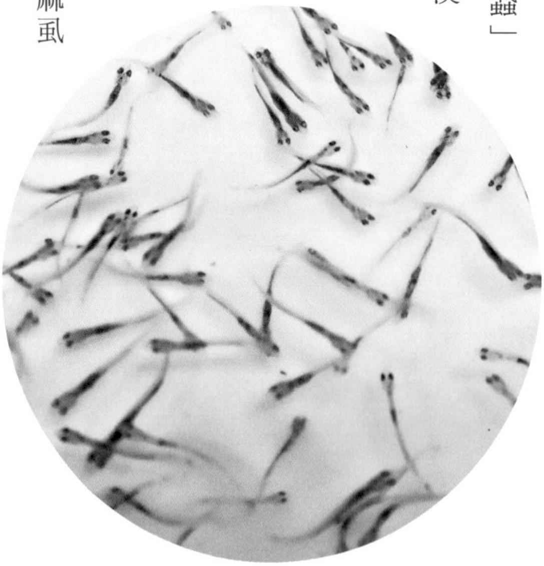

魚苗

目」。

根據漁民的說法，從海上撈取的虱目魚苗，全身透明，因只能看到眼睛兩個黑點，以及腹部一個黑點，故稱「三點花仔」。

殺目魚

看來是「蝨目魚」的誤寫，台語「殺」（sat）與「蝨」（sat）同音。

什麼魚

鄭成功率軍來台灣驅逐荷蘭人，民眾獻魚，鄭成功問：「什麼魚？」結果民眾聽了就以「虱目魚」為魚名。

這種說法顯然穿鑿附會，可能產生於戰後，有語言歧視之嫌。就算確有其事，當年鄭成功講的可不是北京官話「什麼」（ㄕㄣˊ・ㄇㄜ），而是他的福建泉州母語「啥物」，但「啥物」（siánn-mih）與「虱目」（sat-ba̍k）的音不合。

莫說無

鄭成功軍隊初抵台灣，軍人無鮮魚可食，鄭成功就對著海上說：「此間舉網可得，莫說無也。」故民眾稱此魚「莫說無」（台語音bo̍k suat bô），後寫成「麻虱目」。

這種說法看來也是穿鑿附會，但不知產生年代。台南的台灣古典詩人吳萱草（一八八九～一九六〇）在〈虱目魚〉詩中首句就是「莫說無」：「莫說無因自產生，鄭王賜姓汝傳名。」

在台灣有許多與鄭成功有關的傳說，虱目魚的名稱由來就是其中之一。

日語サバ (saba)

虱目魚長得有點像鯖魚，鯖魚的日文サバ（saba），與台語「虱目」諧音，台灣人在日本時代把這兩種魚的名稱混淆了。

這種說法顯然有誤，因為台灣最晚在清代文獻就有「虱目」魚名，而說台灣人分不清鯖魚、虱目魚，也是侮辱了先民的智慧。

事實上，清台灣《噶瑪蘭廳志》（一八五二年）就有記載「花輝」魚名。今台灣人一般以台語稱鯖魚「花飛」（hue-hui）、「花鰱」（hue-liân）。

日本時代《臺日大辭典》（一九三一年）就有收錄兩個虱目魚的詞條：

◆ **麻虱目**：魚名，日文解釋是マサバ。

◆ **虱目魚**：南部魚塭飼養的一種魚，日文的解釋是まさば。

日文片假名マサバ、平假名まさば的讀音都是masaba，與台語「麻虱目」（muâ-sat-ba̍k）諧音，指的是什麼魚呢？

日文サバ（鯖，saba）是鯖屬，鯖魚的總稱，鯖屬之下有兩種常見的鯖魚：一是マサバ（masaba），日文漢字「真鯖」，台灣中文名「白腹鯖」；一是ゴマサバ（goma-saba），日文漢字「胡麻鯖」，台灣中文名「花腹鯖」。

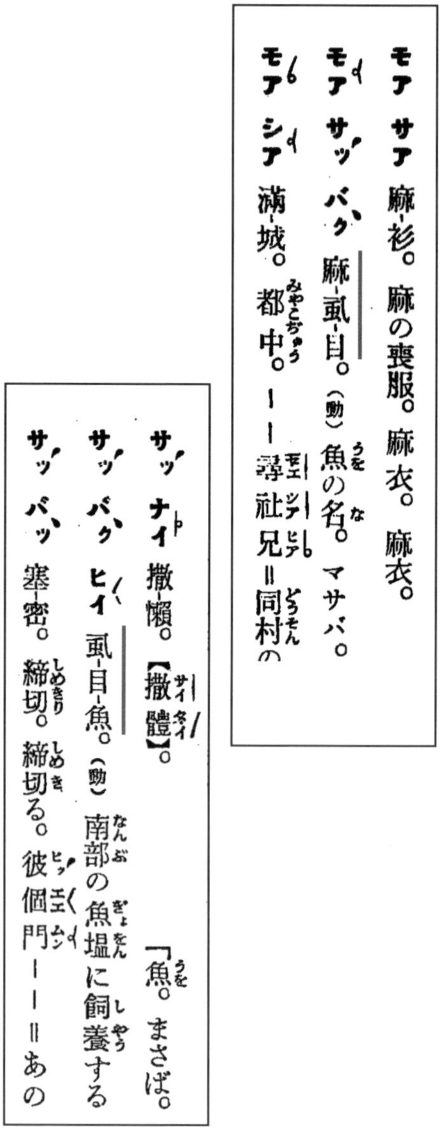
モア サア 麻衫。麻の喪服。麻衣。麻衣。
モア サッ バク 麻虱目。(動) 魚の名。マサバ。
モア シア 滿城。都中。ーー尋社兄＝同村の

サッ ナイ 撒懶。【撒體】。「魚。まさば。
サッ バク ヒイ 虱目魚。(動) 南部の魚塭に飼養する
サッ バッ 塞密。締切。締切る。彼個門ーー＝あの

《臺日大辭典》中的麻虱目和虱目魚

以此來看，《臺日大辭典》把台語「麻虱目」、「虱目魚」當成日語「真鯖」是錯的，推測原因：日本甚少食用虱目魚，只有南方海域才有虱目魚，可能看到虱目魚跟鯖魚長得很像、肚子又是白色的，就誤以為是「真鯖」（白腹鯖）。

不過，《臺日大辭典》有收錄台語「花鰱」，日文的解釋有二，一是魚塭的入侵魚種（可能是中文所稱鱅魚，俗稱大頭鰱），一是「鯖」，可見日本人也知道鯖魚的台語叫「花鰱」。

總之，日文「真鯖」（masaba）雖然與台語「麻虱目」（muâ-sat-ba̍k）發音相近，但完全是不同的魚種，當年日本人搞錯了。

另外，《臺日大辭典》收錄的「海鰱」（hái-liân），解釋為「虱目魚」，也是明顯的錯誤。因為海鰱跟虱目魚長得很像，也會出沒河流入海口，所以常被誤認。早年在海岸撈取虱目魚苗，也會混入海鰱魚苗，一起在魚塭養殖，其實兩者是不同的魚種。

ハイリウ 海鰍。（動）海豚。（いるか）
ハイリエヌ 海鰱。【虱目魚】（サッパクヒイ）
ハイリエン 海乳。（動）磯巾着。（いそぎんちゃく）

《臺日大辭典》中註記海鰱是「虱目魚」

塞目魚

虱目魚的眼睛有脂性眼瞼，生鮮時是透明，煮熟後變乳白色，遮住了眼睛，故名「塞目」。

不過，台灣常見的烏魚、午魚，也都有脂性眼瞼。清台灣方志都說麻虱目很像鯔魚（烏魚），或許除了身型也看到了脂性眼瞼。

又有人說，虱目魚的眼瞼很像一層膜，遮住了眼睛，故稱「膜塞目」，發音很像「麻虱目」。

雖然台語「塞」（sat）與「虱」（sat）同音，但台語「塞」的意思並不是遮蔽，而是阻礙，例如「塞鼻」（sat-phīnn）。遮蔽的台語是「遮」（jia）或「閘」（tsa̍h）。

另外，台語「膜」（mo̍h）的音也與「麻」（muâ）不同。

然而，「塞目魚」之說相對較被接受，中國官方近年似根據「塞目」之意改稱虱目魚為「遮目魚」。中國《百度百科》：「眼睛被透明而發達的脂肪瞼所遮住，故名遮目魚。」

西班牙語 Sabalo

菲律賓語一般稱虱目魚為Bangus，但以西班牙外來語稱成熟的、野生的大虱目魚為Sabalo，可能是台語「虱目」的語源。

這種說法來自台灣鄰近菲律賓、自古就有往來關係，菲律賓語可能影響台語，例如南台灣稱番茄為「柑仔蜜」（台語音kam-á-bit），就是源自菲律賓語Kamatis，再源自西班牙語Tomates。

西班牙的歐洲本土沒有虱目魚，西班牙語Sabalo本指鯡科魚類（英語Shad），但也用來指稱西班牙殖民地中南美洲、東南亞海域的虱目魚。不過，中南美洲的西班牙語稱虱目魚為Sabalote。

然而，只因Sabalo與「虱目」（sat-ba̍k）有部分諧音，就說是命名由來，並沒有直接證據，只能算是推論。

03

如何解釋「麻虱目」的命名？

上述說法，大都在解釋「虱目」，而無法解釋完整的「麻虱目」。

日本時代台南文人連橫在《臺灣通史》中說：「台南沿海素以畜魚為業，其魚為麻薩末，番語也。」「麻薩末」即「麻虱目」，但「番語」是什麼意思？

一般都說「番語」是台南原住民的西拉雅語，「麻虱目」雖然可能是西拉雅語的音譯，但沒有證據，也不知道其在西拉雅語的原意。

坊間有說「麻虱目」是平埔語，指其銀白魚身在陽光下閃閃發亮的意思，但沒有證據。另有從「麻虱目」取「麻虱」說是西拉雅語「眼睛」（Mata）的意思，以解釋虱目魚眼睛獨特的脂性眼瞼，但其發音有所差異，也無法解釋完整的「麻虱目」。

翁佳音則認為，清代台灣方志所說的「番語」，除了可能是台灣原住民語，或是歐洲語言之外，也包括閩南語及其區域性的次方言，以及閩南土著語言，因只以漢字標音而不明其義，故難以溯源。

04 符合「麻虱目」及「虱目」命名的新說法

本書提出以下的說法，可同時符合「麻虱目」、「虱目」的命名，希望集思廣益，找出最有說服力的答案。

有關虱目魚之名由來，清台灣方志有一筆很特別的資料，似提及「麻虱目」的命名，但沒直接點明，故未被注意。

清乾隆王必昌《重修臺灣縣志》（一七五二年）：「麻虱目，魚塭中所產，夏秋盛出，狀如鯔魚，鱗細，臺人以為貴品。匪貽匪卵，應候而生，故名。」

「匪貽非卵」中的「貽」，看來是「胎」的誤寫，意思是非胎生也非卵生。

「應候而生」應該指春天在海邊撈取魚苗，之後養在魚塭，夏秋收成。

更早的清康熙李丕煜《鳳山縣志》（一七二〇年）：「麻虱目，形如鯔魚，產海邊塭中。無種，入夏，水熱則生。」文中提到了「無種」，似乎也是非胎生也非卵生的看法。

然而，王必昌在「匪胎匪卵，應候而生」之後就說「故名」，看來太過跳躍，這要如何解釋「麻虱目」的命名呢？

試想兩百多年前王必昌對虱目魚的認識，他看到漁民春天在海邊撈取魚苗，魚苗放入魚塭長大，等到夏秋收成時，魚也尚未成熟到可以產卵或胎生小魚。當年的魚塭如果沒有越冬設施，就如清光緒沈茂蔭《苗栗縣志》（一八九三年）描述：「麻虱目，夏、秋盛多，至十月入泥中而死。」

以此來看，王必昌可能看過魚苗，所以才說「匪胎匪卵，應候而生」，但他接著就說「故名」，是否「麻虱目」的命名與魚苗有關？

清康熙蔣毓英《臺灣府志》（一六八五年）：「麻虱目水波化生，倏而大，倏而無，其味極佳。」文中的「水波化生」，看來是在描述魚苗。

清康熙王禮《臺灣縣志》（一七二〇年）：「麻虱目，生海塭中，水紋所結者，形如子魚，味雖清而帶微酸。」文中的「水紋所結者」，看來也是在描述魚苗。

春天，在海岸河口處，海水有如泡沫，虱目魚細小的魚苗，漂浮在波紋上、隱藏在泡沫下，有如水沫化生，看來就是清台灣方志對虱目魚所認知的「無種」、「匪胎匪卵」、「水波化生」、「水紋所結者」。

為什麼古人對虱目魚會有這種看法？因為他們大概從未見過成熟帶卵的虱目魚。虱目魚的生殖腺約五歲才能成熟，一般很難在海中看到成熟、大型的野生虱目魚，而魚塭中的虱目魚一般養殖六個月，或過冬養到一年，就會捕撈上市。古人沒看過虱目魚帶卵、產卵、受精、孵化，就在海岸河口的水波中看到大量魚苗，所以感到疑惑。

回來談虱目魚的魚苗，其全身透明，兩個眼睛像黑點，有如蝨子，故有以「蝨目」命名之說。此說本來少被接受，但看到王必昌「故名」的記載，可能其來有自，似也符合台灣民間以外觀特徵直接命名的習慣。

首先，虱目魚苗全身透明，兩個眼睛呈現黑點，這是獨有的特色嗎？

國立臺灣海洋大學水產養殖學系副教授、《怪奇海產店》作者黃之暘說，其實很多魚的幼魚期都會呈現類似的樣子，但這樣的辨識，如果再搭配時間、地區、潮汐的資訊，的確比較容易區分虱目魚苗。

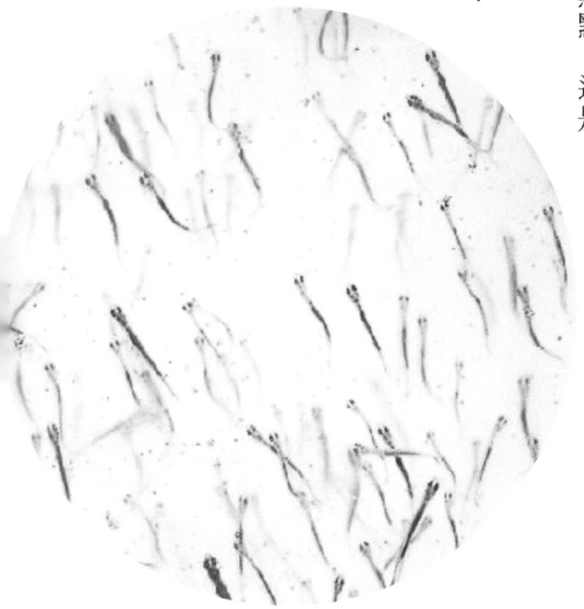

中研院院士、國立臺灣海洋大學終身特聘教授廖一久說，虱目魚苗剛孵化時，全身透明，其兩眼呈現兩個黑點，二至三天後連同腹部黑點即俗稱的「三點花仔」，長到約十天就有小魚的樣子。

王必昌是福建泉州德化人，應該懂閩南語，是否他知道「麻虱目」是閩南語，所以才說「故名」？

閩南語的蝨（虱），又稱「虱母」，有一種常見的「木虱」，又稱「床虱」，因會附著在木床上而得名。《廈英大辭典》（一八七三年）即收錄bȧt-sat, a bed-bug。台語說「木虱蛇蚤」（bȧk-sat ka-tsáu），就是指虱子和跳蚤。

以此來看，虱目魚很可能因其魚苗的眼睛黑點，而被命名為「木虱目」，即木虱之目。後來，「木」（bak）的音很容易轉成「麻」（mâ/muâ），所以後來寫成「麻虱目」，再被簡稱「虱目」。

此說可同時解釋「虱目」、「麻虱目」的魚名，這兩個名稱並

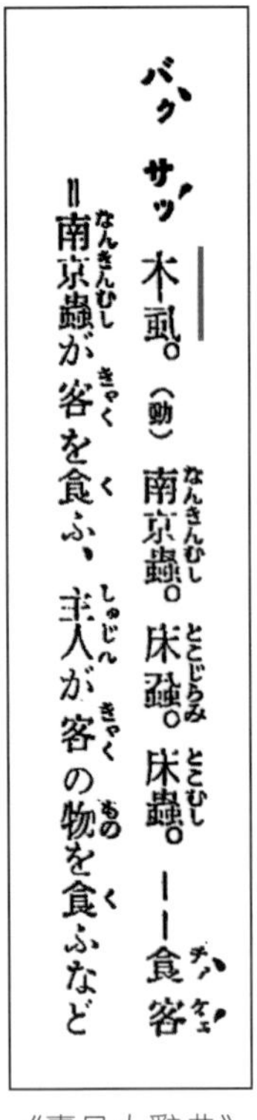
バクサッ　木虱。（動）南京蟲。床蝨。床蟲。——食客 ＝南京蟲が客を食ふ、主人が客の物を食ふなど

《臺日大辭典》中的木虱

沒有衝突，只是「虱」的全稱是「麻虱」（木虱），「虱目」的全稱是「麻虱目」。

總之，如果說虱目魚之名源自「木虱目」，堪稱各種說法中相對最具說服力者。

原來，「虱目」是對的，但大家可能在心理上不願相信先民會以虱子命名，才有「塞目」、Sabalo等聯想。現在，既然知道「木虱」是「虱」的全名，則「木虱目」解釋了「麻虱目」，也解釋了簡稱的「虱目」。

總之，虱目魚在印尼、菲律賓等地都有各自的名字，在台灣也可能是在地閩南語的命名。

中研院臺史所兼任研究員翁佳音說，這是古典歷史學考證法，從「木」的bak轉成mak，再轉成「麻」的mâ、muâ，在音韻學完全沒有問題。

他舉例，荷蘭文獻記載台南「麻豆」的地名Mattauw，後

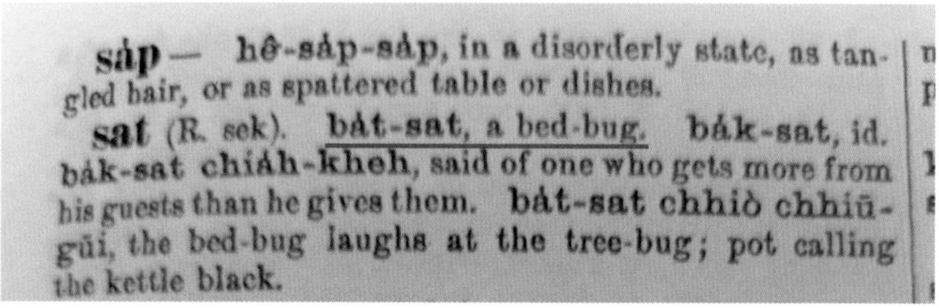
sȧp — **hê-sȧp-sȧp,** in a disorderly state, as tangled hair, or as spattered table or dishes.
sat (R. sek). **bȧt-sat, a bed-bug.** **bȧk-sat,** id. **bȧk-sat chiȧh-kheh,** said of one who gets more from his guests than he gives them. **bȧt-sat chhiò chhiū-gūi,** the bed-bug laughs at the tree-bug; pot calling the kettle black.

《廈英大辭典》中記載的「木虱」。

來轉成Muâ-tāu，就是mâ轉成muâ的例子。

《廈英大辭典》另收錄一句sat-bú ná^{n}-moâ^{n}，to have lice in great numbers，看來是「虱母若麻」，是否可能將「麻」、「虱」連在一起講，故有「麻虱目」之名？

翁佳音認為，「麻」、「虱」連在一起並不是講話的習慣，看來還是從「木虱目」轉成「麻虱目」比較合理。

另一種可能，台語「麻」也有bâ的音，指感覺變得遲鈍或失去知覺，例如「麻痺」、「麻醉」。台語麻雀的「麻」有muâ或bâ兩種音。如果說「木虱」的「木」（bak）轉成諧音的「麻」（bâ），也是很有可能。

教育部《臺灣閩南語常用詞辭典》對「麻虱目」的「麻」標音muâ，但是否可能以前也有人把「麻虱目」的「麻」念成bâ呢？翁佳音說，這兩種發音他都聽過。

還有一種可能，如果「木虱」的「木」（bak）被錯寫

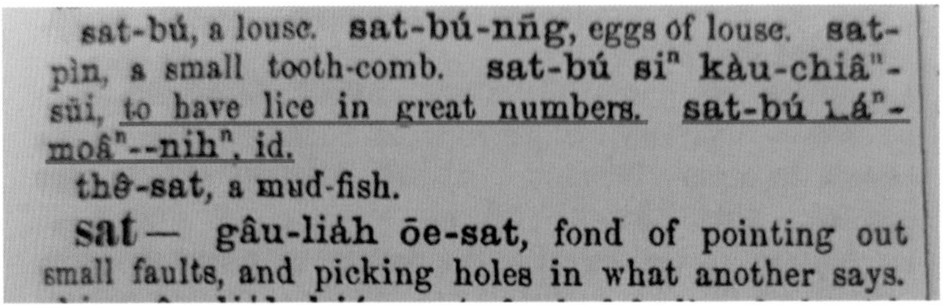
sat-bú, a louse. **sat-bú-nn̄g**, eggs of louse. **sat-pìn**, a small tooth-comb. **sat-bú si^{n} kàu-chiâ^{n}-sūi**, to have lice in great numbers. **sat-bú ná^{n}-moâ^{n}--nih^{n}**, id.

thê-sat, a mud-fish.

sat— gâu-liáh ōe-sat, fond of pointing out small faults, and picking holes in what another says.

《廈英大辭典》中記載的「虱母若麻」。

成諧音的「麻」（bâ），一般看到「麻」常念成白讀音的muâ，就會變成「麻虱目」（muâ-sat-ba̍k）了。

這是漢字常見的問題，漢字不是拼音字，如果找一個發音相近的漢字作為音譯字，那麼後來的發音就可能轉成這個漢字的音，因而失去了原音。

例如：台語「蓮霧」（lián-bū）源自印尼語、馬來語Jambu（全名Jambu air）。Jambu在清台灣方志有很多不同的音譯字：暖霧、軟霧、翦霧、剪霧、染霧、璉霧、輦霧、南無等，最後以美化、優雅的「蓮霧」通行。如果是「剪」（tsián）霧、「染」（jiám）霧，就比較接近Jambu原音。

一八八五年創刊的《台灣教會公報》，使用「白話字」（Pe̍h-ōe-jī），可惜找不到「麻虱目」白話字，不知其「麻」的音是bâ或muâ？

05 虱目魚在台灣的別稱

在台灣，虱目魚還有很多別稱，說明如下：

國姓魚

虱目魚被稱國姓魚，清台灣方志並沒有記載，此說似乎只來自連橫（字雅堂）的著作。

南明將領鄭成功本名鄭森，南明唐王隆武帝朱聿鍵賜國姓「朱」，賜名「成功」，故被尊稱為「國姓爺」。後來，另一位南明桂王永曆帝朱由榔敕封鄭成功為「延平郡王」。

連橫《臺灣通史》：「延平入台之時，泊舟安平，始見此魚，故又名國姓魚云。」

連橫《雅言》：「麻薩末，番語也，一名國姓魚。相傳鄭延平入臺後，嗜此魚，因以為名。」

連橫《雅堂文集》：「國姓魚：麻薩末，番語也，產於鹿耳門畔。漁者掬其子以畜之塭，至秋則肥，長及尺。相傳延平入臺始有此魚，因名國姓魚。而臺北之𩸞魚亦曰國姓魚。」

然而，清台灣方志中的國姓魚，指的是香魚，寫成甲魚、傑魚、𩸞魚。

𩸞魚即華語所說的香魚，日本時代《臺日大辭典》（一九三二年）收錄的「國姓魚」，指的是「鮎」（日本對香魚的稱呼），相對於台語的「𩸞魚」，並未說虱目魚是國姓魚。

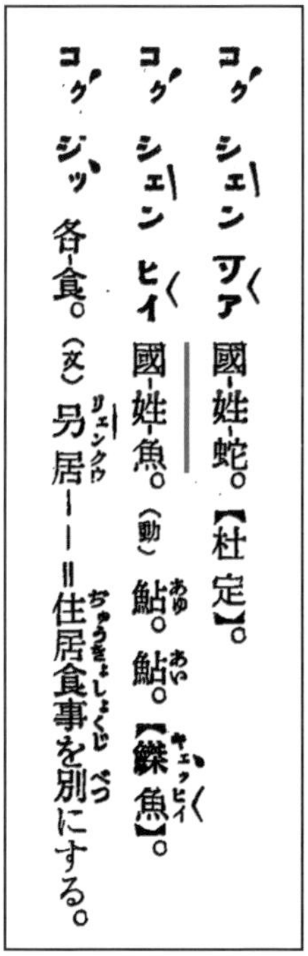
コク シエン ツア 國姓蛇。【杜定】。
コク シエン ヒイ 國姓魚。(動) 鮎。鮎。【𩸞魚】。
コク ジツ 各食。(文) 另居——＝住居食事を別にする。

《臺日大辭典》中的國姓魚

國聖魚

看來可能是「國姓魚」之誤寫，台語「姓」文讀音sing，「聖」文讀音sing，兩者同音。

安平魚

來自連橫的說法，鄭成功第一次看到虱目魚是在安平港。連橫《臺灣通史》：「延平入台之時，泊舟安平，始見此魚，故又名國姓魚云。」

皇帝魚

虱目魚因鄭成功愛吃而稱「國姓魚」，因鄭經愛吃則稱「皇帝魚」。鄭成功之子鄭經被認為在台灣建立了「東寧王國」，故稱「皇帝」。

清乾隆周鍾瑄《諸羅縣志》（一七一七年）：「地高而寬坦，臺人謂之崙。邑有黃地崙，鄭氏踞臺時征南社番，親屯兵於此。番呼皇帝，遂以名崙；猶麻虱目之呼為皇帝魚也。」

清道光周璽《彰化縣志》：「麻虱目，狀如池中小烏魚，產塭中，夏秋盛出。俗呼皇帝魚，謂鄭經所嗜也。」

不過，台灣民間常說的「皇帝魚」是比目魚，其兩個魚眼長在同一邊，魚身一邊厚一邊薄，傳說明皇帝朱元璋吃一半後放入水中還能游走，又稱「半旁（pêng）魚」，即半邊魚。

海草魚

主要是屏東地區的稱呼，其由來有兩種說法。

虱目魚沒有牙齒，大都以藻類為食，也吃浮游生物、小型底棲生物，以及無脊椎動物的沉積物。不過，養殖的虱目魚也會餵食飼料。

有一種說法：台語稱海藻為「海草」，虱目魚以海藻為食，故稱「海草魚」，即吃海藻的魚。

另一種屏東在地的說法：台灣很早就養殖淡水的草魚，草魚以水藻為食，虱目魚以海藻為食，故稱之「海草魚」，即海裡的草魚。台灣知名虱目魚苗培育者、曾在一九六三年成功研發人工繁殖草魚苗的林烈堂，也持此說法。

台灣海域有野生的大虱目魚，釣客稱之「海草母」。

台灣的淡水養殖魚類，包括中國「四大家魚」：草魚、青魚（烏鰡）、鰱魚（白鰱）、鱅魚（大頭鰱），以及鯉魚、鯽魚等，其中除了台灣原生種鯽魚外，都是早年閩粵移民從原鄉引進。

另一方面，台灣也發展與東南亞（印尼、菲律賓）共同、半鹹水養殖的虱目魚。

狀元魚

二〇一一年中國國務院台灣事務辦公室（國台辦）推動台灣虱目魚銷往中國，由福建水產商與台南學甲漁民進行五年契作，因認為虱目魚之名會讓人想到蝨子，故改名「狀元魚」。

不過，二〇一六年終止契作後即不再續約，狀元魚之名已甚少聽聞，但還留在中文維基百科。

遮目魚

虱目魚在中國的分類學名稱是「遮目魚」，其「遮目魚科」（Chanidae）等同台灣的「虱目魚科」，「遮目」之名來自台灣對虱目魚之名由來的「塞目」說法。

在Google翻譯，英文Milkfish的中文翻譯變成了「遮目魚」。

06 虱目魚「游入」台灣的歷史與文化

台灣海域本來就有野生的虱目魚，然而必須經由養殖，虱目魚才能更加連結台灣的人民與土地，「游入」台灣的歷史與文化。

在台灣，虱目魚養殖逐漸發展成為大規模的漁業，不但可以穩定價格，提供便宜的蛋白質，更因養殖的虱目魚比野生的虱目魚肥美，尤其魚肚油脂飽滿而滑嫩，廣受民眾喜愛，造就了獨特的虱目魚文化。

在明清時代，台灣的閩粵移民雖然從原鄉引進鯉魚、鯽魚、草魚、鰱魚等淡水魚，也在各地的魚塘養殖，但在海邊魚塭養殖的虱目魚產量更大也更受歡迎。當時的虱目魚塭，主要以海邊無法耕作的濕地圍建而成。

今台南市七股區大埕里有舊地名「番仔塭」，推測因早年是平埔原住民的虱目魚塭而命名。在十七世紀荷蘭時代，此處是台南原住民西拉雅族四大社群之一蕭壠社的一個聚落。

由此可見，早年南台灣沿海的

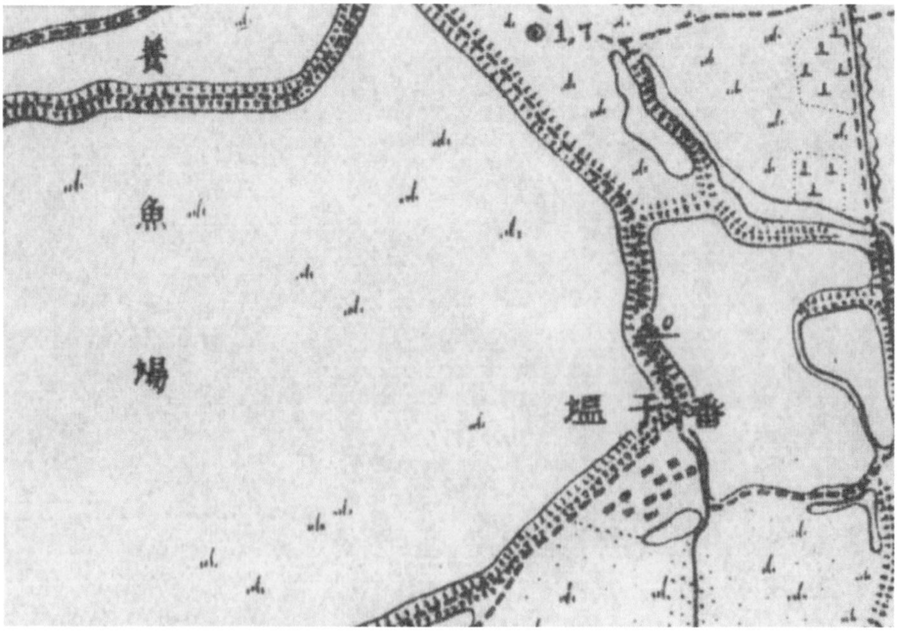

1921年日治二萬五千分之一地形圖上的「番子塭」

平埔原住民也有養殖虱目魚。

當然，我們也不能排除，與印尼、菲律賓同屬南島語族文化圈的南台灣原住民，或許在荷蘭時代之前就已經養殖虱目魚了。

07 清代文獻的虱目魚

在清代，台灣方志的編纂者大都不是台灣人，但他們記載了台灣很多美味的海魚，對虱目魚的描述有一句很特別的話：「臺以為貴品。」

在明清文獻，「臺」通常指當時「臺灣城」、「臺灣府」所在的南台灣。台灣在日本時代才有現代的冷藏設備及大眾運輸工具，在此之前，只有在養殖虱目魚的南台灣才能嘗鮮。

清康熙周鍾瑄《諸羅縣志》（一七一七年）：「麻虱目，魚塭中所產，夏秋盛出。

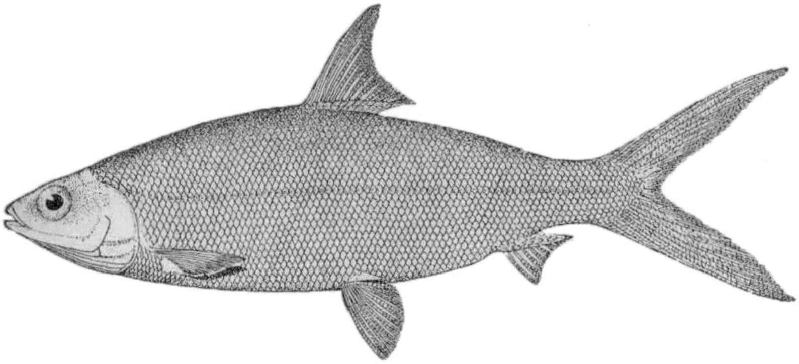

彼得・福斯科爾命名的chanos

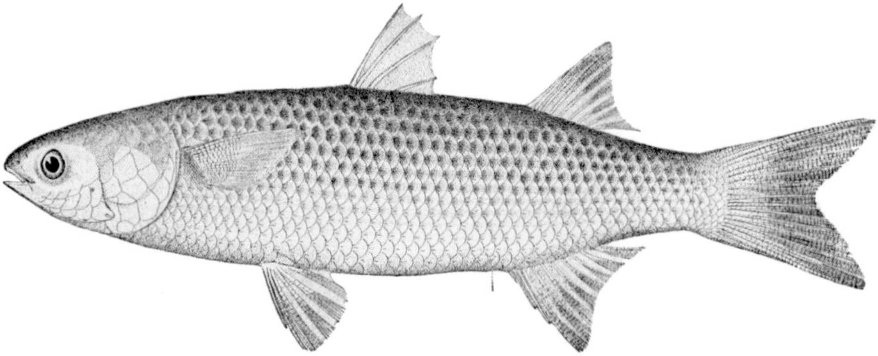

被認為和虱目魚很像的「鯔魚」（一八八七年George Brown Goode繪製）

狀類鯔，鱗細。鄭氏時，臺以為貴品。」由本文可見，明鄭時期南台灣養殖虱目魚已很成功。有人說在明鄭時期有獎勵養殖虱目魚，但並沒有文獻紀錄。

《諸羅縣志》：「港口瀦水飼魚為塭，大者有徵，謂之塭餉。」由本文推測，從荷蘭時代開始對魚塭課稅的制度，延續到了明鄭、大清時代。

清康熙王禮《臺灣縣志》（一七二〇年）：「麻虱目，生海塭中，水紋所結者，形如子魚，味雖清而帶微酸。」子魚就是諧音的鯔魚，即烏魚。本文提及虱目魚肉帶有「微酸」，可見已有古人注意到了，但不知虱目魚因富含脂肪酸、胺基酸故魚肉帶酸。

清康熙李丕煜《鳳山縣志》（一七二〇年）：「麻虱目，形如鯔魚，產海邊塭中。無種，入夏，水熱則生。味清而不腥，大則稍遜。」本文提及虱目魚太大反而不好吃，原來古人也注意到了。

上述清代文獻都提及虱目魚的外型很像「鯔魚」（烏魚），這符合一七七五年瑞典生物學家彼得・福斯科爾在沙烏地阿拉伯紅海東岸港口城市吉達對虱目魚的觀察，他最早誤把虱目魚歸類「鯔科」（Mullet）的「鯔屬」（Mugil），命名Mugil chanos。

清乾隆《小琉球漫誌》（一七六五年）的作者朱仕玠，他在任職鳳山縣教諭期間記述見聞，還在〈瀛涯漁唱〉卷中寫了一首虱目魚的詩：「鳴蟞幾日弔秋菰，出網鮮鱗腹正腴。頓頓飽餐麻虱目，臺人不羨四腮鱸。」

此詩提及秋天的虱目魚，肥腴的魚肚，「臺人」每餐都要吃，不羨慕中國著名的上海「松江鱸魚」（其鰓膜有斜紋很像兩片鰓葉，故稱四鰓鱸）。

08 日本時代的虱目魚漢詩

日本時代至戰後台南的台灣古典詩人李漢忠（一八九五～一九九五），他寫的漢詩〈虱目魚〉：

尺身只合托東瀛，得水洋洋樂此生。潑刺自能懷子產，潛淵端不負延平。
浮沉須避投竿影，游泳偏防打網聲。志奪英雄甘一死，尚留星眼看朱明。

台南的台灣古典詩人吳萱草（一八八九～一九六〇），他寫的漢詩〈虱目魚〉：

莫說無因自產生，鄭王賜姓汝傳名。鯤身海上曾遭網，鹿耳門前亦逐鯨。
一族潛蹤留絕島，千秋出處紀安平。細鱗大有存明志，死後依然不轉睛。

日本時代嘉義布袋台灣古典詩人蔡如生（字漁笙、如笙，一九〇一～一九五六），他寫的漢詩〈國姓魚〉：

莫說無名得大名，長留絕島紀延平，細鱗亦有英雄氣，抵死星星眼尚明。

上述三首台語漢詩，都是藉由虱目魚來歌頌鄭成功的豐功偉業及壯志未酬，看來與日本時代提高鄭成功歷史地位的政治氣氛有關。

當年清國把台灣割讓給日本，在日本統治者眼中，鄭成功不但反清復明，他的母親還是日本人，尊崇鄭成功有助切斷台灣與清國的關係。

09

日本時代台灣虱目魚養殖的發展

到了日本時代，台灣的虱目魚養殖業繼續發展，虱目魚的食用也從產地所在的西南沿海地區開始向外擴張。

台灣在日本時代開始發展現代漁業，因有了動力漁船，可以進行近海、遠洋捕撈，所以大幅增加了野生海魚的產量。不過，虱目魚養殖業仍占重要地位。

日本時代台南文人連橫《臺灣通史》談到「麻薩末」（麻虱目）說：「臺南沿海均畜此魚，而鹽田所飼者尤佳。然魚苗雖取之鹿耳門，而海中未見。嘉義以北無有飼者，可謂臺南之特產，而漁業之大利也。」

連橫《雅言》也談「麻薩末」說：「臺南沿海多育之，歲值數百萬金；亦府海中之巨利也。」

另一方面，台灣在日本時代開始有製冰工廠，也進行

日本時代的虱目魚養殖。

西部縱貫鐵路、各地公路等大眾運輸工具的建設，有助水產的保鮮和運送，促使虱目魚的食用開始從台灣南部向中北部擴張。

台灣在日本時代開始製造魚罐頭，除了鯖魚、鰹魚、鮪魚、旗魚、鯛魚、沙丁魚，虱目魚也在其中。

10 戰後台灣虱目魚養殖的興盛

虱目魚本是南台灣的食魚文化，受限於產地、產量、運輸、冷藏等因素，其向外拓展有跡可循。

戰後，台灣的虱目魚養殖繼續蓬勃發展，隨著養殖技術的進步，加上人工繁殖魚苗在一九七八年獲得成功、一九八〇年代開始量產，有助虱目魚產量大增，足以供應南台灣以外地區。

一九六〇年代以來，台灣因嚴重的城鄉差距，台北地區吸引大量中南部民眾前來工作，進而定居。如此，不但「北漂」的南部人需要「北送」的虱目魚，南部人食用虱目魚的習慣也開始影響北部人。

另一方面，隨著全球海洋因過度捕撈而造成漁源枯竭，台灣的野生魚類價格上漲，使得美味、平價又環保的養殖虱目魚更加受到青睞。

多年來，虱目魚多刺的缺點，也因除刺、分割技術的進步，讓一般人更能夠接受虱目魚料理。

因此，在南台灣之外，台灣各地的飯麵攤店開始賣虱目魚肚湯，並出現愈來愈多的虱目魚專賣店，甚至可以在相對較少吃養殖魚的基隆開店。

二十一世紀以來，台灣開始發展宅配服務，虱目魚經過分裝冷凍，可以宅配到家，放在冰箱，整年都可食用。

近年來，台灣真空包裝、冷凍的虱目魚肚等產品，也拓展了國際市場，讓在海外工作、讀書的台灣人一解鄉愁。

11 台灣虱目魚的地方認同與文化認同

台灣的虱目魚養殖，集中在雲林以南地區，尤其是養殖歷史最早、超過四、五百年的台南，不但發展了獨特的虱目魚文化，甚至建構了地方認同、文化認同。

一九九九年，高雄彌陀配合「一鄉鎮一特產」政策，推出「彌陀港虱目魚文化節」，每年舉行至今。

二〇一二年，台南開始每年舉行「虱目魚文化季」，聯合北門、將軍、學甲、七股、安南等五大虱目魚產區共同行銷。

二〇一三年，台南女性創業者盧靖穎在台

台南的虱目魚主題館

南安平創立「虱目魚主題館」（二〇一九年搬到漁光島），成為台灣第一家以虱目魚為主題的旅遊展覽館，除了產業文化的教育、體驗與互動，並研發虱目魚的「全魚利用」，包括生鮮冷凍食品、即時料理包、休閒食品、保養食品等各種產品。

二〇二四年，正逢台南建城四百年紀念，虱目魚也是主角之一，盧靖穎倡議讓虱目魚成為「台南市魚」。

多年來，南台灣的虱目魚文化，一直在逐漸發展成為全台灣的虱目魚文化。對今天的台灣人來說，食用虱目魚不但擁有美味、平價的幸福，也符合海洋保育、永續發展的價值。

台灣的虱目魚養殖

第4章

當今全球的虱目魚養殖國家中，台灣的養殖技術、單位面積產量都居於領導地位。

01

台灣養殖虱目魚要投入更多心力

世界虱目魚養殖的三大國，印尼、菲律賓都是地廣人多的熱帶國家，全年都可以生產，台灣則相對地狹人稠，更因位於熱帶、亞熱帶之交，每年都要經歷冬天的低溫和寒流，不利養殖。

虱目魚能夠適應的水溫，不得低於攝氏十五度，低於攝氏十度就會死亡。就此而言，台灣養殖虱目魚的天然條件比印尼、菲律賓差，必須投入更多心力。

在台灣的水產養殖產業中，虱目魚養殖堪稱歷史最久、規模最大，直到戰後。從一九六〇年代至今，虱目魚與吳郭魚（台灣鯛）並列台灣水產養殖雙雄。

02

從野生魚苗到人工繁殖魚苗

早年的虱目魚養殖，從在海邊撈取野生魚苗開始。

全球虱目魚苗的人工繁殖及量產技術，台灣在一九八〇年前後才率先研發成功。在此之前，整個虱目魚養殖最開始、最困難的工作，就是要先去海岸河口以網子撈取魚苗。

日本時代台南文人連橫《臺灣通史》談到「麻薩末」（麻虱目）說：「清明之時，至鹿耳門網取魚苗，極小，僅見白點，飼於塭中，稍長，乃放之大塭，食以豚矢（屎）。或塭先曝乾，下茶粕乃入水，俾之生苔，則魚食

之易大。至夏秋間，長約一尺，可取賣，入冬而止。小者畜之，明年較早上市，肉幼味美。」

本文大致講了虱目魚養殖一整年的過程，從撈取魚苗到飼養以至於上市。

春天是開始撈取虱目魚苗的季節，大約清明節時期，在海岸河口處，數以萬計、細小如針的魚苗湧現，漂浮在水面上、隱藏在泡沫下。漁民拿著網子撈取魚苗，魚苗的台語叫「魚栽」（漳音hî-tsai，泉音hû-tsai），一尾魚苗就是一尾成魚的希望。

剛孵化的虱目魚苗只約零點三公分，長到一點五公分，全身透明，只能看到眼睛兩個黑點，以及腹部一個黑點，故漁民暱稱「三點花仔」。虱目魚苗長到二公分時，全身變成銀白色，就可見虱目魚的樣子了。

在撈取野生魚苗的時代，因魚苗數量無法掌控，而且有限，加上撈取不易，所以價格較貴，以尾計價，直到一九八〇年代人工魚苗成功量產，才有穩定且價格低廉的魚苗。

03

廖一久率先研發人工繁殖魚苗

人類養殖虱目魚有數百年歷史，最重要的魚苗來源，都依賴在海岸河口撈取，可說是看天吃飯，直到晚近才由國際團隊成功研發人工繁殖魚苗的技術，其中的重要人物是台灣水產養殖學者廖一久。

廖一久是中央研究院院士、國立臺灣海洋大學終身特聘教授。二〇二四年三月，他在海洋大學接受本書作者專訪，講述一九七八年他在菲律賓參與研發虱目魚苗的經過。

廖一久先生

廖一久出生於一九三六年，早年留學日本東京大學專攻水產養殖，一九六八年取得農學博士學位後，返台擔任農復會水產養殖研究計畫研究員，有心藉由水產養殖提供便宜的蛋白質，以改善全球的糧食問題。他先後研發了人工繁殖的草蝦苗、烏魚苗，對台灣水產養殖有重大貢獻。

虱目魚苗來源不穩定及數量不足的問題，一直是菲律賓、印尼、台灣等養殖國家共同的困擾。因此，聯合國糧農組織（Food and Agriculture Organization，FAO）在菲律賓中部班乃島（Panay）怡朗省（Iloilo）南部海岸小城蒂格巴萬（Tigbauan）的「東南亞漁業發展中心」（Southeast Asian Fisheries Development Center，SEAFDEC），召集了跨國的水產養殖專家，進行人工繁殖虱目魚苗的研究。

他們從海中捕捉成熟的野生虱目魚，雖然曾孵化出魚苗，但三天之內就死亡，未能完全成功。

一九七八年，當時擔任台灣水產試驗所東港分所長的廖一久，接受菲律賓「東南亞漁業發展中心」主任Dr. Miravite的邀請，前往該中心加入國際團隊研究，結果成功培育了虱目魚苗，創下全球首例。

人工繁殖虱目魚苗的研究，為什麼不在台灣而在菲律賓？主要原因是種魚的來源，虱目魚要長到四至五年、超過一公尺才會性成熟，在台灣海域很難捕捉到活的、性成熟的、公母都有的虱目魚，以提供研究所需的「種魚」。

當年廖一久請假前往菲律賓主持研究，參與的還有日本、菲律賓、泰國等國的專家學者。他抵達之後，就一直在等待種魚，當地人員在海中設了定置漁網，等待符合種魚條件的虱目魚入網，等了快一個月，才終於等到。

廖一久回憶，當時母魚卵巢飽滿，先注射荷爾蒙催熟，並進行採卵、授精，等魚苗孵化出來後，再餵食調製的飼料，經過一個月的成長，終於確認培育成功，總共有二千八百五十九尾。

廖一久成功培育虱目魚苗，讓人類的虱目魚養殖踏出革命性的一大步。他說，未來漁民將不必再冒生命危險到沿岸海域與巨浪搏命。

04 林烈堂成功量產魚苗

台灣的水產養殖學者廖一久，在國際實驗室成功培育虱目魚苗之後，台灣的水產養殖業者林烈堂，接著研發虱目魚在魚塭中自然繁殖，以及虱目魚苗量產的技術。

在台灣的水產養殖界，相對於官方與學界，林烈堂被認為是民間奇才。二〇二四年五月，他在屏東佳冬自營的虱目魚苗繁殖場接受本書作者專訪，講述一九八四年他讓虱目魚種魚在魚塭中自然產卵、受精、孵化的經過。

林烈堂先生撈取自家繁殖的魚苗

林烈堂一九三七年出生於南投埔里，從小跟著父親抓魚、養魚、繁殖鯉魚苗，後來經營魚苗繁殖場。一九六三年，他以營造「自然產卵的人工環境」，成功培育了鯁魚、草魚、鰱魚的魚苗。

一九七四年，因淡水魚養殖走下坡、淡水魚苗生產過剩，林烈堂搬到屏東佳冬海水魚養殖重鎮，轉為研發繁殖海水魚苗，首先的目標就是虱目魚。由於在台灣不易捕捉野生虱目魚的種魚，林烈堂就在魚塭裡飼養種魚。

一九八〇年，林烈堂第一次對虱目魚種魚注射荷爾蒙、人工授精，但孵化失敗。一九八二年，他再次試驗，終於孵化成功，共有十二萬尾，最後育成一萬三千多尾魚苗，當時創下全世界最高紀錄。

一九八三年至一九八四年，林烈堂立下「模仿自然環境」，讓種魚在魚塭中自然產卵、受精、孵化的目標，並管控魚塭的溫度、鹹度、飼料等，終於獲得成功。

他回憶，關鍵在於不能讓受精卵、魚苗遭受陽光紫外線過度照射，否則很容易死亡，所以要在魚塭上方覆蓋黑網（遮光布）。另一方面，魚塭的水質、溫度、溶氧量，以及魚苗的食物等問題，也都要一一克服。

一九八五年，林烈堂以研發虱目魚苗的人工繁殖及量產技術，開啟台灣的虱目魚苗產業的成就，榮獲「行政院傑出科技貢獻獎」，此一獎項是為表揚台灣傑出科學與技術人才。

至此，台灣的虱目魚養殖技術已達到「完全養殖」，從種魚的培育、產卵、受精，以至於魚苗的孵化、飼養，直到成魚上市，已經建立了可以全程人工控制的管理系統。

林烈堂後來還成功繁殖金目鱸魚苗、紅槽（銀紋笛鯛）魚苗、石斑魚苗、黃臘鰺（俗名金鯧、紅沙）魚苗等，並在二〇〇四年培育金色新品種的「黃金虱目魚」。

林烈堂於2004年培育出黃金虱目魚

05

傳統的虱目魚養殖

台灣的虱目魚養殖，以養殖魚塭的水深來區分，可分為兩種：「淺坪式」與「深水式」養殖。

淺坪式魚塭是傳統的養殖方法，利用潮差引進海水到魚塭，水深只有三十至四十公分，這樣陽光可以照射到魚塭底部，促進藻類生長，成為虱目魚的主要食物，只要再補充飼料即可。

不過，淺坪式魚塭會受氣溫影響，如果冬天寒流來襲，會造成虱目魚大量死亡。為此，淺坪式魚塭一般都會增設「越冬溝」。

在設備完善的淺坪式魚塭，可分成淺坪與深溝兩個區域，漁民讓虱目魚平時在淺坪區攝食，當寒流來時，就把魚趕入深溝區避寒。

深溝區水深約兩公尺，除了冬天底層水溫較高，也要在上方迎風的北面架設防風棚，如此可提高水溫約攝氏四、五度。如果還有加熱設備，遇到寒流就更能控制保溫。

另一方面，此時體型太小、未能上市的魚，也會被趕入深溝區避冬。冬天，虱目魚會因水溫太低而缺乏食欲、減緩成長。

當冬天魚塭的淺坪區都沒有魚了，就可以把水抽乾，並進行清洗、曬乾的消毒，以及培育藻類的工作，以備來春的放養。

虱目魚較不耐寒，若水溫降至14℃以下的時間太久，即有被凍死的現象。

傳統虱目魚越冬溝

越冬溝的雙層結構，當天氣沒那麼冷時，魚可以留在比較淺的區域（圖中的白色I區，深度約40-50公分），當氣溫驟降時，魚可以躲在比較深的II區（深度約1.5-2公尺），並用帆布遮蓋魚池阻擋北風（右下角小圖為備用的帆布）。

淺坪式養殖池放水曬池

06

當今主流的深水式養殖

台灣的虱目魚養殖，淺坪式養殖是數百年來的傳統，本來算是符合生態的養殖方法，但為了增加產量以應付市場需求，而發展了深水式養殖，並逐漸成為主流。

現代深水式養殖備有自動餵魚機和抽水機

一九七八年，行政院農委會水產試驗所位於台南七股的海水繁養殖研究中心，研發了虱目魚的深水式養殖。一九八〇年代以來，台灣虱目魚人工繁殖魚苗及量產成功，加上大都改採深水式養殖，使虱目魚產量大幅增加。

深水式養殖就是把魚塭的水位加深，從淺坪式養殖的三十至四十公分，增加到一至二公尺以上，並裝設進水排水的水門，以及打氣增氧的機具。如果是水很深的魚塭，還要加裝抽水機，讓下層上層的水產生流動，有助維護水質。

深水式魚塭比淺坪式魚塭相對較不受氣溫影響，其下層的水溫，熱天不會太高，冷天不會太低，有助虱目魚的穩定成長及越冬養殖。虱目魚的盛產期在夏秋二季，越冬的虱目魚在春天上市，可以賣出較好的價格。

在飼養上，相對於淺坪式養殖主要以魚塭水底的藻類為食，深水式養殖則因陽光照射不到魚塭水底而缺乏藻類，故仰賴餵食大量人工飼料。

早年依靠撈取魚苗的淺坪式養殖，只能一年一收，但現在使用人工魚苗的深水式養殖，如果放養較大的魚苗，則可以一年兩收甚至三收。而且，深水式養殖的虱目魚長得較大，脂肪含量也較高，因而提升了價格。

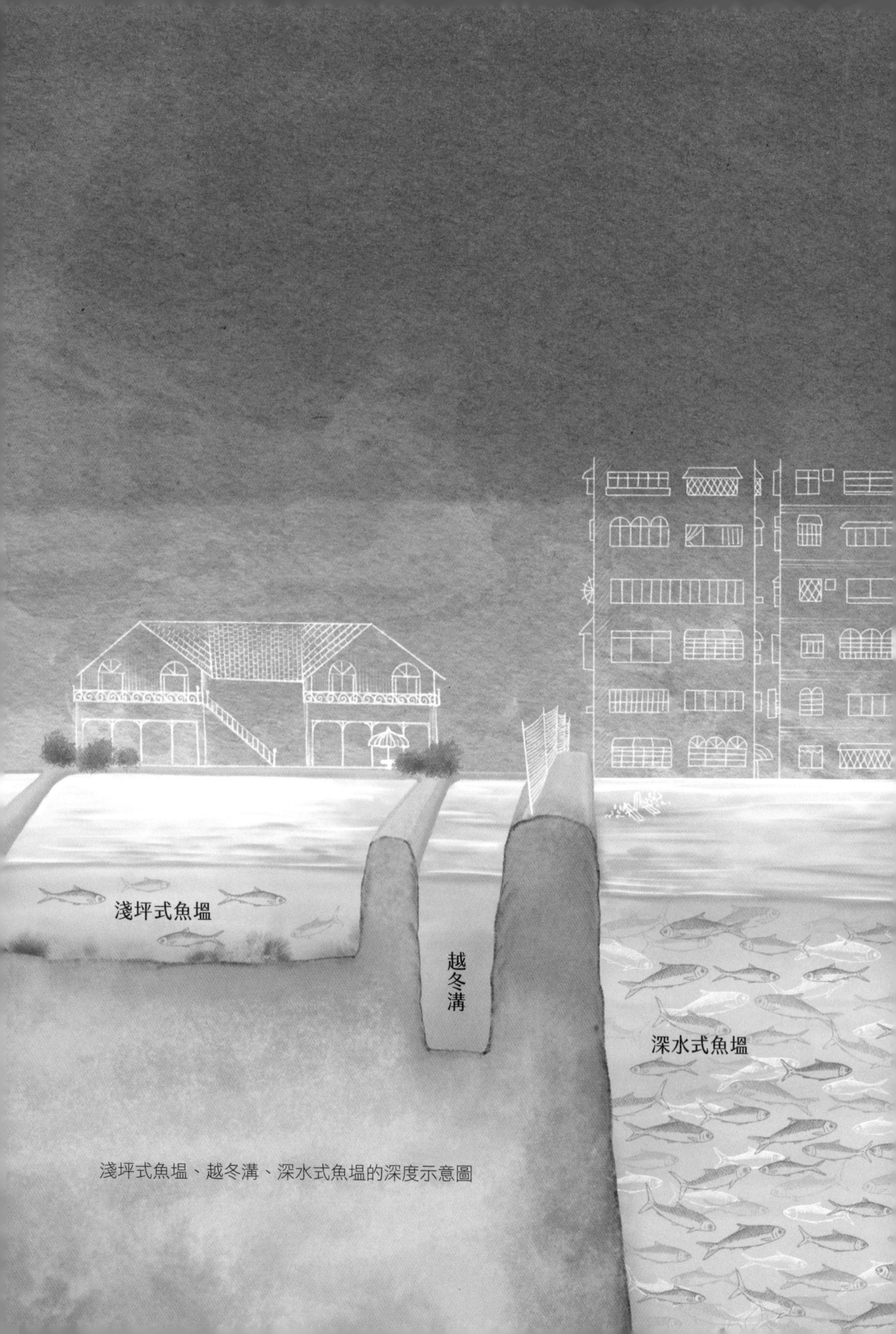

淺坪式魚塭、越冬溝、深水式魚塭的深度示意圖

總之，深水式養殖採用「密集式養殖」（或稱集約式養殖）的管理，以高密度的放養、人工飼料的餵食，並減短收成時間，雖然比淺坪式養殖花費較多人力和設備的費用，但單位面積產量卻大為提高。

然而，深水式養殖有其副作用，水太深日照不足容易滋生細菌、寄生蟲，魚太密集也造成疾病、傳染病的機率變高，可能衍生用藥的問題。此外，深水式養殖對生態環境的傷害也較大。

07 魚苗的養殖與提供釣餌使用

台灣的虱目魚養殖，自一九八〇年代成功研發人工繁殖魚苗的技術及量產之後，就開始有魚苗的繁殖場、養殖場，主要是提供養殖用的魚苗，後來也提供延繩釣、一支釣用的活魚餌。

魚苗養殖場大都是淺坪式魚塭，如果是孵化不久的「三點花仔」，先要圍在小範圍內照顧。

養殖用的魚苗，依養殖戶需求，有十至二十五公分。釣餌用的魚苗，主要是釣鮪魚、旗魚，則約十五公分。

一般來說，釣大魚使用的魚餌，以活魚餌的釣獲量較高，但活魚餌的價格較貴，供貨不穩定，養在船艙也常會死亡。因此，大都是釣高價的魚才會使用活魚餌。

在台灣，最主要的活魚餌就是虱目魚苗，除了鮪釣船會帶上船，很多釣具店也販售給海釣客。

08

虱目魚與文蛤、蝦類混養

文蛤、蝦類也是台灣重要的水產養殖種類，可以與虱目魚混養，以提升養殖效益。首先說明，虱目魚是沒有牙齒的雜食性魚種，不會去攻擊、捕食蝦、文蛤，混養是為了互利。

文蛤是淺坪式養殖，陽光照射水底會滋生藻類，不利文蛤成長。虱目魚喜歡攝食藻類，正好負責清除藻類、維護水質的工作，所以被稱為「工作魚」，可說是文蛤的「益友」。如此，文蛤、藻類、虱目魚三者形成魚塭的生態平衡。

養殖的虱目魚，一般長到約一斤就上市，但與文蛤混養的虱目魚不同，因有工作在身，要等到清洗文蛤池時才會撈起，生長一至二年，重量三至五斤。這種虱目魚，一般數量有限，多數由養殖戶自己食用或贈送親友，或只在當地的市場販售。

深水式養殖的虱目魚，則可以混養沙蝦、白蝦、草蝦等，成為副產品。在深水式魚塭，以飼料餵養虱目魚，魚吃剩的飼料，以及排放的糞便，就由水底的蝦類食用、清除，以淨化水質。

虱目魚與其他魚、蝦、蛤，在魚塭內形成各自覓食的食物鏈，但也會有不速之客，如鷺鷥、吳郭魚和寄生的魚虱。

09

虱目魚的生態養殖

台灣的虱目魚養殖，在走向以密集養殖、追求產量為主流後，衍生藥物殘留、環境汙染等問題，所以開始出現「生態養殖」的聲音，希望養出「無毒虱目魚」。

生態養殖試圖打造天然環境、生態平衡的魚塭，採低密度放養，回到古早的淺坪式養殖，讓虱目魚主要以藻類、浮游生物為食，減少投放飼料。

生態養殖也採多種水產的混養共生，除了虱目魚，還有紅沙（布氏鯧鰺）、烏格（黑鯛）、石斑、鱸魚等底棲性及掠食性的魚種，以及文蛤、牡蠣、蝦、蟳等，在魚塭內形成各自覓食的食物鏈。

生態養殖更講求魚塭內不施用化學藥物，魚塭周邊也不噴灑除草劑，讓虱目魚等在無毒的環境中生長。

在生態養殖的理念下，連飛來魚塭覓食的夜鷺、小白鷺等鳥類，也不會被驅趕。

有些生態養殖業者甚至講求「水生動物福利」，在撈捕時減少虱目魚死前的過度緊張和掙扎，例如以傳統的流刺網將魚纏住再一尾一尾拔下，代替為了方便捕撈作業的電擊法。

此外，生態養殖主張減少抽取地下水，避免造成地層下陷、破壞水土保持，以符合永續發展的理念。

生態養殖多種水產混養共生的魚塭中，雖然虱目魚的數量減少，但因還有其他水產，故總產值可能增加，成為吸引養殖戶改採多種水產混養共生的誘因。

虱目魚的生態養殖，如果再結合產銷履歷的經營管理，確保品質與食安，則可建立品牌以提高身價。

10 魚塭化為冬季候鳥的友善濕地

多年來，台灣西部因過度開發，造成沿海河口濕地的面積持續減少。虱目魚的淺坪式養殖魚塭，雖然也是人為設施，但在冬季停養、為來春準備放養的期間，也可以充當濕地，提供黑面琵鷺等候鳥的友善棲地。

黑面琵鷺是台灣野生動物保育法公告的第一級「瀕臨絕種」保育類野生動物，台灣是其世界最大的度冬地，每年一至三月的度冬期間，主要棲息在台南的河口、濕地。

虱目魚在夏秋收成，魚塭在冬天把水抽乾進行曬池、整池之前，如果先不要把水全部抽乾，而是保留約十公分深的水，這樣水中的小魚、小蝦、底棲動物等，就可以讓候鳥尤其是水鳥前來覓食。

因此，農業部鼓勵虱目魚養殖戶把魚塭變成暫時的濕地，很多人也願意配合，在魚塭收成之後就把水位放低，為生態保育盡一份心力。

當冬天來臨，虱目魚塭上的黑面琵鷺，成為台灣美麗的風景。

冬季魚塭成為黑面琵鷺的友善濕地

11 漁電共生的理想與爭議

為了加速再生能源發展，台灣自二〇二〇年開始推廣「漁電共生」政策，希望透過土地整合利用，以台灣西南沿海面積廣大的魚塭，設置太陽能光電板，達成養殖漁業、綠能發電共存共榮的目標。

根據農業部的說法：台灣魚塭面積前五大養殖物種為虱目魚、文蛤、吳郭魚、石斑及鱸魚，主要分布在彰化、雲林、嘉義、台南、高雄、屏東六縣市，這些區域也是台灣日照最充足的地方，可以推廣結合光電綠能的新養殖模式，在不影響養殖生產下，兼顧發展光電產業，以政府「躉購」（保證收購）綠電的收入，投入養殖科技的升級，創造「漁電雙贏」的效益。

農業部一方面指出光電板對魚塭有夏天防曬、冬天禦寒的功能，另一方面規範魚塭必須有養殖的事實，其光電設施遮蔽率限制在百分之四十以下，其產量則要維持百分之七十以上。

農業部水產試驗所還針對五大養殖物種進行模擬試驗，在現行法定百分之四十光電

模擬太陽光電結合虱目魚養殖（七股）

設施遮蔽率的前提下，評估對養殖物種成長的影響，結果都可以維持百分之七十以上的產量。

就虱目魚養殖而言，「漁電共生」可以吸引光電業者的投資，以改善魚塭的設施，如果能夠落實「漁業為本，綠電加值」的原則，堪稱正確、進步的方向。然而，此一政策在執行上的爭議有待克服，其成效也有待驗證。

縱觀台灣虱目魚養殖歷史，多數的養殖者並非魚塭的地主，而只是承租戶，他們在「漁電共生」政策下成為弱勢的一方。

遮蔽率百分之四十的光電設施，應該選擇立柱型或浮水型？是否架設在不影響養殖的堤岸、不需要曬池的蓄水池？

光電設施是否會破壞魚塭的生態環境？綠能與綠地是否能共存？會不會影響黑面琵鷺度冬棲息？能不能減少抽取地下水？都還有待觀察。

最理想的狀態，地主、光電業者、養殖者、環保團體共同合作，打造示範的生態養殖，這樣的「漁電共生」才有意義。

虱目魚塭的四季與捕撈

第5章

台灣的虱目魚養殖為什麼集中在西南沿海地區？有其氣候、環境、市場的因素。

01

虱目魚：南台灣的家魚

虱目魚是偏熱帶的魚種，北回歸線經過台灣島西南部的嘉義，所以嘉義北邊的彰化、雲林，尤其嘉義以南的台南、高雄、屏東，都是台灣相對比較適合養殖虱目魚的地區。

台灣主要溪流都是從西部海岸入海，從高山挾帶大量泥沙，經過長期的沖積，在台灣西南沿海形成沙灘、潟湖（內海）等沙岸地形。這些海埔新生地因海風強大、土壤鹽分高而不利農作，卻很適合建造魚塭來養殖虱目魚。

另一方面，自明鄭以來，南台灣已逐漸發展食用虱目魚的文化，因需求與供給的關係而促進了虱目魚養殖業的發達。

根據中研院臺史所副研究員曾品滄〈南臺灣的家魚——從虱目魚看天下〉（國立臺灣圖書館《臺灣學通訊》第六五期，二〇一二年五月）一文指出，清道光年間（一八二一～一八五〇），臺灣府城（今台南市區）官方招徠城中富商投資開發虱目魚塭，富商委託「長年」帶領「塭丁」專責魚塭事業，魚塭管理成為專業技術，因而擴展了養殖面積，以供應南台灣食用虱目魚的需求。

02 台江耆老吳新華談早年虱目魚養殖產業

台江國家公園管理處在二〇一三年曾進行〈台江地區人文資產保存與推廣計畫：虱目魚為主之養殖產業調查〉，由當時的台南市紅樹林保護協會理事長吳新華擔任計畫主持人，透過田野調查蒐集虱目魚養殖產業脈絡相關資料，以期對虱目魚養殖產業文化的推廣與保存有所貢獻。

吳新華一九四五年出生於台南市安南區的四草小漁村，臺灣師大教育系畢業，曾任教臺南師專、擔任臺南大學附設實驗小學校長，也投入環保志工。

二〇二四年六月，吳新華在四草自家的生態養殖魚塭旁，接受本書作者訪問，講述早年台江地區虱目魚養殖產業。

清道光三年（一八二三年），曾文溪上游洪水暴發挾帶土石流沖入台江內海，台江內海因淤塞陸浮而逐漸失去軍事與商業價值，但也增加不少海埔新生地，成為發展捕撈與養殖漁業的溫床。其中虱目魚從魚苗到成魚、從養殖到販售，整個產業體系就以原台江地區為根據地。

早年的產業體系由富商、地主雇用「長年」等各職等員工所構成：

◆ 長年（tiúnn-nî，tiónn-nî）：這裡的「長」指團體領導人，即魚塭的專業經理人。規模大的魚塭，還會雇用「頭

作者曹銘宗（左圖右）與翁佳音（左圖中）到台南訪問吳新華（右圖）。

手」（thâu-tshiú）、「二手」（jī-tshiú）等作為「長年」的助理。

- ◆ 塭丁（ùn-ting）：「丁」指成年男子，即魚塭的工人。
- ◆ 長工（tn̂g-kang）：指長期雇用的工人，即魚塭的長工。
- ◆ 夥計（hué-kì）：指魚塭雇用的人。
- ◆ 數櫃（siàu-kuī）：管理帳目的人。
- ◆ 總舖（tsóng-phòo）：負責煮食的人。

這些魚塭工人都住在塭寮（ùn-liâu）或稱「寮仔」的住屋裡。他們工作時則利用名為桶間寮（tháng king liâu）的建築，這種在魚塭旁以竹管搭建圓桶形的簡陋寮房，可擺放漁具，主要是讓工人就近觀察水質、溶氧量、魚群動態，台灣漁業俗語說：「出門看天色，飼魚看水色。」此寮房也提供夜晚巡視魚塭休息之處，故又稱「探更寮」（thàm kinn liâu）。

如此，台灣傳統的虱目魚養殖，因有專業的管理制度與產銷流程，而造就了虱目魚塭春（陽曆三至五月）、夏（陽曆六至八月）、秋（陽曆九至十一月）、冬（陽曆十二月至二月）的四季風景。

在虱目魚塭工作

春季：開始撈魚苗、養小越冬魚

虱目魚的養殖，從魚苗的獲得開始，台語稱之「魚栽」（hî-tsai）。台灣的虱目魚養殖雖然歷史悠久，但其魚苗的來源，在一九八〇年代研發人工繁殖及量產之前，只有下海撈取一途。

撈虱目魚苗的季節，以二十四節氣來說，從「清明」（陽曆四月四日至六日）到「白露」（陽曆九月七日至九日），大約農曆三月至八月、九月，共有六個月。在清明時節撈到的魚苗叫「清明仔」、「清明栽」，在白露時節撈到的魚苗叫「白露仔」、「秋栽」。

撈虱目魚苗還要看潮汐，台語稱之「流水」（lâu-tsuí），即受潮汐影響而定期漲退的水流，漁民都有經驗，如果還有天候、風向的配合，就可以撈到更多的魚苗。

撈魚苗一般使用操作簡單的三角形手叉網，隨人體型而大小長短不一，在海中雙手持著竹竿撐開的網子，緩慢向前推行，讓可能在海水中的魚苗流入網裡，網底有集魚筒，每隔一段距離再將或多或少的魚苗倒出來。

撈魚苗的網，日本時代《臺日大辭典》（一九三二年）有收錄「魚栽濾」（hî-chai-lū）一詞。

裝魚苗的容器，有人稱檜木做的斗狀容器為「魚仔斗仔」（hî-á táu-á）。

撈魚苗時，如果是在海水較深的地方，則身上要套著泳圈推行，甚至游泳前進，可見其辛苦和風險。

早年在撈虱目魚苗的季節，南台灣沿海常見男女老少爭相撈捕，但自一九八〇年代虱目魚苗人工繁殖成功並量產之後，此一景象已不復見。

有了天然魚苗或人工繁殖魚苗，才能開始養殖。台灣虱目魚養殖的分工，可分成兩大類：魚苗養殖、成魚養殖。

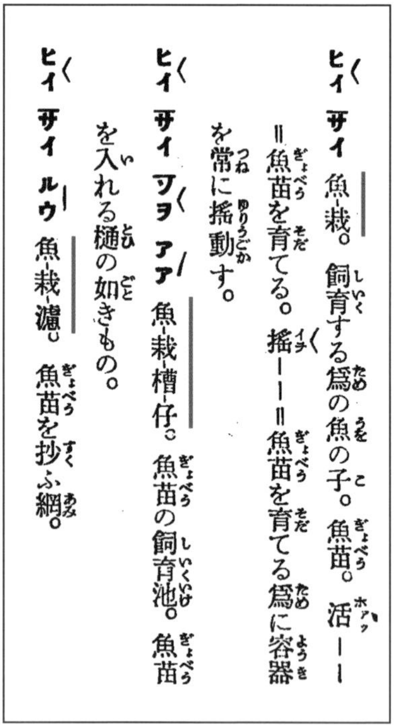
ヒイ サイ 魚栽。飼育する爲の魚の子。魚苗。活——=魚苗を育てる。搖——=魚苗を育てる爲に容器を常に搖動す。

ヒイ サイ ツヲ アア 魚栽槽仔。魚苗の飼育池。魚苗を入れる樋の如きもの。

ヒイ サイ ルウ 魚栽濾。魚苗を抄ふ網。

《臺日大辭典》中記載魚栽（魚苗）、魚栽槽仔（養魚苗的池子）、魚栽濾（撈魚的網子）等詞條

在海邊撈到的魚苗，長約一公分，先在小池、小塭中飼養，《臺日大辭典》有

收錄飼養魚苗的「魚栽槽仔」（hî-chai-chô-á）。

魚苗養殖也有分工，有的專門養到一寸（一台寸等於三點零三公分），有的再從一寸養到三寸、五寸甚至八寸的幼魚，稱之「寸魚」，大約夏季時轉到養殖成魚的魚塭，或送去文蛤養殖魚塭當「工作魚」。

對成魚養殖業者來說，購買較大的幼魚，雖然成本較高，但可縮短養殖時間、降低養殖風險。

每年三、四月天氣開始回暖後，虱目魚塭會先放養去年「越冬溝」的「越冬魚」，其中體型較大的，最快養到五、六月就可以上市。

收寸魚後，會把寸魚賣給養成魚或工作魚的漁民。

「越冬溝」的台語是「活仔窟」，《臺日大辭典》有收錄並標音hoat-á-khut。

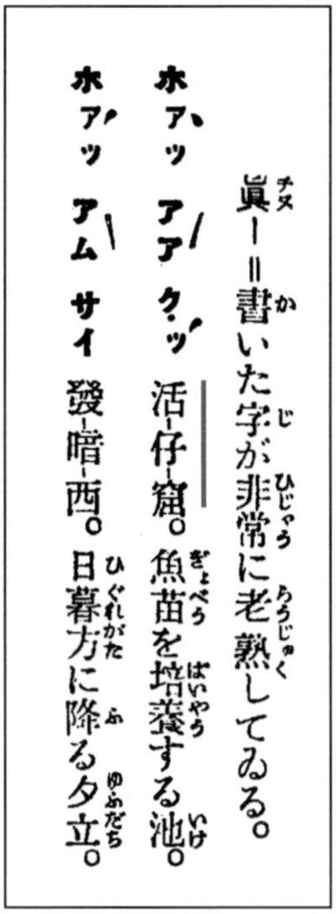
眞ー=書いた字が非常に老熟してゐる。
ホアッ アア クッ 活-仔-窟。魚苗を培養する池。
ホアッ アム サイ 發-暗-西。日暮方に降る夕立。

《臺日大辭典》收錄活仔窟，意為培養魚苗的池子

夏季：主要的成長期

到了五月、六月，虱目魚塭就可以開始放養今年的幼魚，每批幼魚依次序稱之「頭水」、「二水」、「三水」、「四水」等，養到秋季即可陸續收成。

夏天是虱目魚的主要成長季節，如果是傳統的淺坪式養殖，虱目魚主要食用魚塭底部的藻類，並在魚塭中倒入米糠、黃豆渣、花生粕等，除了當做補充飼料，也可促進藻類生長。

如果是密集式的深水式養殖，虱目魚主要食用含有蛋白質、維生素、礦物質、黃豆油、魚油等營養豐富的飼料，並以機器自動定時投餵。因此，除了產量大為提升、養殖時間縮短，魚也長得更快、更大、更肥。

秋季：當年新魚收成

每年春天開始撈取的虱目魚苗，經過養殖後，從夏末至整個秋季都可以收成。如果在南台灣氣溫最熱的高屏地區，則到冬天、隔年春天也能收成。

淺坪式養殖的虱目魚，一般長到約四十公分，重量三百公克（半斤）至四百五十公克，就可捕撈上市。傳統的捕撈使用流刺網圍捕，魚大都被網目纏住，撈起後再將之拔下來，因此常會傷到魚體。

深水式養殖的虱目魚，則可長到五十公分，重量超過一斤。捕撈時為了方便，在圍網後加以電擊，魚會被電昏或電死，雖然魚身大都完好有利賣相，但電擊可能影響肉質。

冬季：小魚趕入越冬溝，整理魚塭

隨著冬天的來臨，天氣逐漸變冷，虱目魚因食欲不振、活動降低而成長減緩。此時，如果是淺坪式養殖的魚塭，那些體型太小、還不能上市的魚，就要趕進深水的「越冬溝」，以避免寒害，等到隔年回春再繼續養殖。

早期淺坪式虱目魚收成

冬天不養魚的魚塭，正好進行一年一度的整理，其步驟如下：

◆ 排水、清池，打撈乾淨。

◆ 整地、曬池，清潔消毒。

◆ 注水、施放有機肥料，培養池底藻類，作為虱目魚的天然飼料，以等待隔年回春再行放養。

虱目魚塭傳統的消毒，一般投入「茶粕」（tê-phoh），即油茶樹種子榨油之後的渣（或乾燥磨成粉），會釋出皂素，有清潔作用。

虱目魚塭的底藻，台語稱之「苔」（thî），大都以米糠發酵、陽光照射來培養。然而，早年有人會以更容易取得的豬屎等動物糞便來代替米糠，因而被誤以為是虱目魚的食物。

如此，虱目魚塭的四季，每年周而復始。

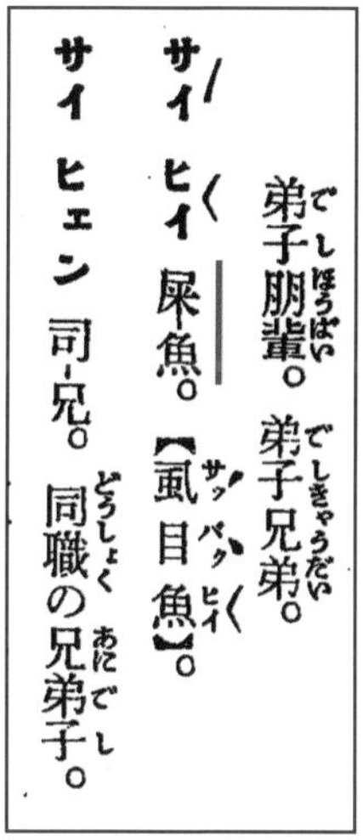
弟子朋輩。弟子兄弟。
サイ ヒイ 屎魚。【虱目魚】。
サイ ヒエン 司兄。同職の兄弟子。

《臺日大辭典》中將「屎魚」等同於「虱目魚」，可能因為誤將動物糞便當成虱目魚食物的緣故

03

虱目魚的數魚苗之歌

一尾魚苗，代表可以養成一尾成魚的希望與財富。

從前在海邊撈虱目魚苗的年代，魚苗來源較少，而且不穩定，因為珍貴，故以尾計價。

在虱目魚苗的交易過程中，如何計算細小的魚苗？台語稱之「算魚栽」（算音sǹg）、「數魚栽」（數音siàu）、「叫魚栽」（叫音kiò），並產生了從念數字變成吟歌謠的「算魚仔歌」、「數魚仔歌」。

數魚苗是一種行業，數魚苗者以碗

算魚

舀魚苗，一般在五尾以內，然後開始計算和吟唱，一次接一次的舀魚苗、計算、吟唱，數字一直加上去，例如：「三尾算六尾，六尾算十尾，十尾算十五尾，十五尾算……」，算到一百尾時，就丟一根稻稈或竹籤為記，將據以統計總數，然後重新再數。

這種計算的聲音，其實也可以在心裡默念，為什麼要發出聲來？原來是為了讓在現場的買賣雙方都能夠聽見，以取得他們的信任。

現代人怎麼算虱目魚？

方法一：用人工數，很多人同時算就很快。（準確率 >99%，3 寸魚以下推薦使用。）

方法二：三次網「打尾」（計算尾數）取平均數（每網有多少尾魚），再去乘以網數。（準確率 85 ～ 95%，3 寸魚以上推薦使用。）

方法三：大桶子裝三分之一「打尾數」，除以重量，取得每斤的數量，再去乘以秤出的重量，得出總共有幾尾魚。（準確率 85 ～ 95%，3 寸魚以上推薦使用。）

方法四：用算魚機設備做影像辨識。（準確率 <98%，可用來計算 2 寸以下的魚。此為未來願景，目前尚未見台灣漁場使用。）

為什麼會從計算的聲音演變成吟唱的歌謠呢？可能是工作時很自然的抒情，所以沒有一定的旋律和節奏，每位數魚苗者都有來自個人音樂經驗的唱法。

數魚苗之歌雖然都以台語吟唱，但數魚苗者其中可能也有漢化的平埔族原住民，因為「平埔調」已融入台灣歌謠。

自一九八〇年代人工繁殖的魚苗可以量產，魚苗價格大幅下跌之後，數魚苗的行業就開始沒落，愈來愈多已改成估算、秤重。另一方面，至今還從事數魚苗者大都老人，數魚苗之歌恐將成為絕唱。

04 虱目魚的鮮度

台南是台灣虱目魚養殖的大本營，台南人吃虱目魚講求極致的鮮度，可以從以下幾個「術語」看出來。

消肚

在撈捕之前，除了前一天即不再餵食，並要讓魚把胃腸裡的未消化殘留物排泄出來，台語稱之「消肚」，可避免腸內微生物造成魚體腐敗，有助保鮮。如此，乾淨的魚腸也被料理成為台南的風味美食「煎虱目魚腸」。

弄魚

如何幫虱目魚排泄殘留物？由於虱目魚是容易受驚的魚種，所以最快的方法就是讓魚因驚嚇而跳躍，台語稱之「弄魚」，可讓魚把胃腸清空，並不想再進食。

在撈捕之前的「弄魚」，早年以人力用竹竿擾動魚塭水流，後來改以馬達膠筏快速駛過魚塭水面，可見魚群躍出水面飛舞的場面。

弄魚可加速虱目魚排泄

晡流暝流

虱目魚離水即死，從魚塭到餐桌的時間愈短，虱目魚就愈新鮮。

虱目魚傳統的撈捕時間，依市場的需求，主要分成下午及夜間兩種時段，台語稱之「晡流」與「暝流」。台語「晡」（poo）指申時，即下午三時至五時，「暝」（mê/mî）指夜晚。

下午撈捕是為了供應北台灣市場，在夜晚之前完成後，即連夜北送趕赴早市。夜晚撈捕則是為了供應南台灣市場，在台南甚至會在天亮前撈捕，即送往最近的市場，鮮度最高。

此外，如果要供應更遠東台灣的花蓮、台東市場，則在清晨就要撈捕，稱之「早流」，經長途運送或可趕上當天的午市，不然就要放入冰庫等待隔天的早市。

到了深水式、密集式養殖的時代，因撈捕量很大，所以設有冰櫃的卡車直接開到魚塭旁，剛撈起的虱目魚在秤重後也直接倒入冰櫃，隨即運往目的地。

撈魚

南彎北直

　　在台南撈捕的虱目魚，因送往鄰近地區或北部的不同，而有「南彎北直」的說法。

　　送往台南市場的魚，因馬上就要上市，所以就折彎、頭朝下放入竹籠，排成花開狀，這樣賣相較好，也節省空間。送往北部市場的魚，因折彎太久恐造成損傷，所以就筆直、頭朝上放入竹籠，上面再放碎冰，以利在運送期間保持鮮度。

　　如此，早年在南台灣魚攤上看到彎曲的虱目魚，就代表非常新鮮，但現在已少見這種裝運方式。

南彎北直

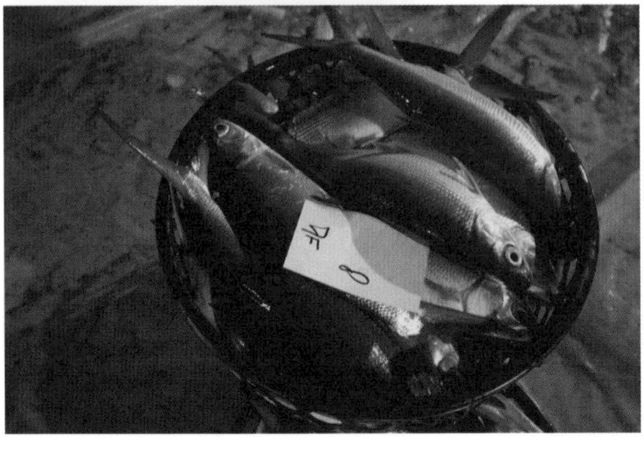

虱目魚的除刺與分割

第6章

虱目魚堪稱上天恩賜台灣人的禮物，不但飼養容易、抗病力強、成長快速，而且營養豐富、美味好吃。然而，虱目魚卻有很多細刺，可說是上天交給台灣人吃虱目魚的功課。虱目魚為什麼會有那麼多細刺？為什麼很多魚沒有細刺？台灣網路上一般說虱目魚有兩百二十二根刺，這是真的嗎？有人數過嗎？

01 虱目魚的肌間刺

一般所說的細刺，台語稱之「暗刺」(àm-tshì)，指其不明而難防。

日本時代《臺日大辭典》（一九三二年）有收錄「暗刺」一詞，日文注解「魚の小骨」，日文稱刺為骨。

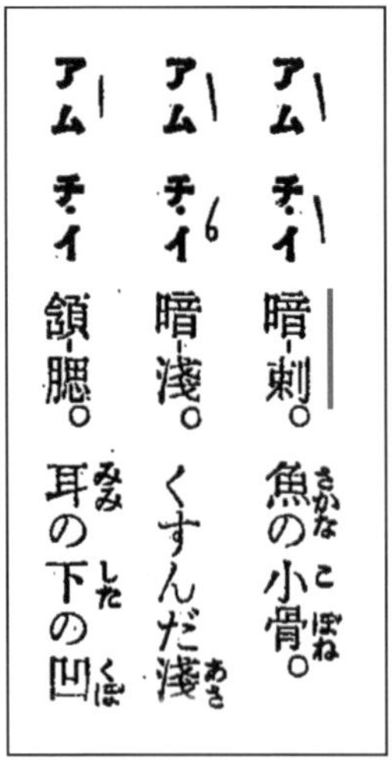
アム\ チ·イ\ 暗-刺。魚の小骨。
アム\ チ·イ6 暗-淺。くすんだ淺
アム| チ·イ 頷-腮。耳の下の凹

《臺日大辭典》收錄的「暗刺」

雖然細刺沒有明確的定義，但從生物學來說，一般稱之「肌間刺」、「肌間骨」，顧名思義就是位在脊椎骨兩側肌肉之間的硬骨小刺，具有支撐肌肉、控制肌肉運動的作用。由於細刺（骨）長在一節一節肌肉的隔膜，故也稱「膜內骨」。

根據國立臺灣海洋大學水產養殖學系陳易辰碩士論文《虱目魚膜內骨型態發育研究》（二〇一六年）的說法：

- 虱目魚的魚骨分成「主軸骨骼」、「附肢骨骼」、「膜內骨」。
- 虱目魚體內有許多細刺嵌在肌肉中，稱之為「膜內骨」，由肌間隔結締組織直接膜內骨化而成。
- 「膜內骨」存在於較低等的硬骨魚類中，隨著演化到鱸形目就已經完全消失。

根據陳易辰的研究，成魚的虱目魚，其膜內骨共有八種型態：Y型、I型、卜型、y型、一端多岔型、兩端雙岔型、兩端多岔型、樹枝型。

陳易辰在論文中指出，虱目魚的膜內骨平均有一百五十四根。

總之，虱目魚遍布全身的肌間刺（膜內骨），因未與顯著的脊椎骨連接，在食用時不容易像一般魚骨避開，故稱之「暗刺」。

另一方面，虱目魚的肌間刺有八種型態，其生長方向也不一致，如果把虱目魚任意切塊或切片，就會切出更多、更細的暗刺。有人把虱目魚輪切烹煮，結果笑說「吃到崩潰」。

02 虱目魚刺的數量

虱目魚以多刺著稱，其身上到底有幾根刺？台灣所說的兩百二十二根從何而來？為什麼國外說的數目不同？例如新加坡、菲律賓的數字是兩百一十四根刺。

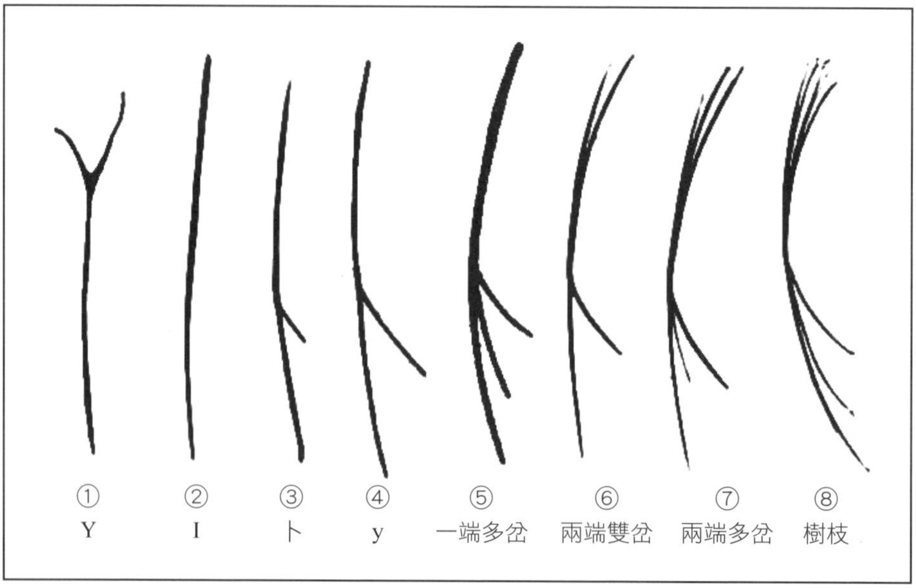

虱目魚的八種刺（圖片出自陳易辰碩士論文）

虱目魚的肌間刺

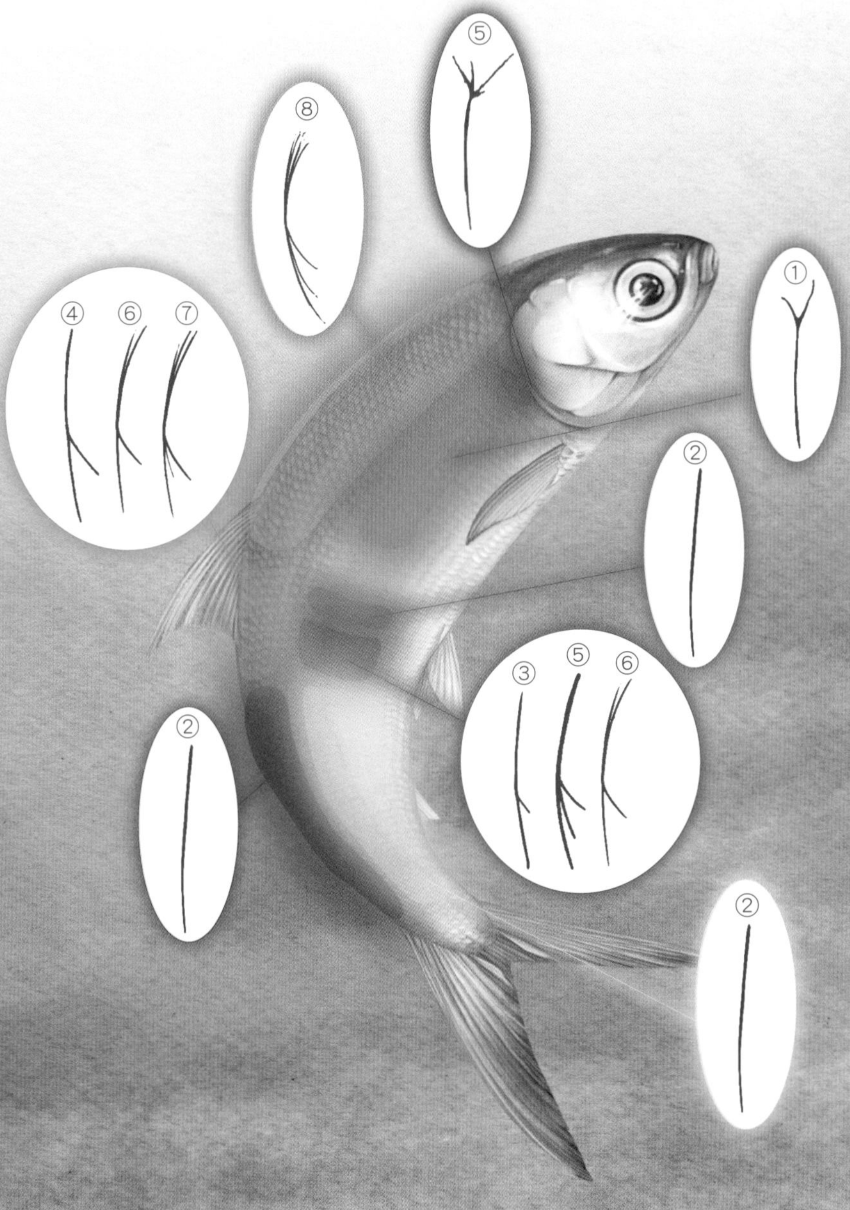

國立臺灣海洋大學環境生物與漁業科學系博士後研究員江俊億，接受本書作者訪問，他的說法解釋了疑問：

- 台灣一般稱虱目魚有兩百二十二根刺，雖然常被引用，但已難以回溯最先出處。
- 所謂「虱目魚刺」，並未有明確定義，除了肌間刺（膜內骨），有的把腹部的肋骨、背鰭基部的支鰭骨也算進去，所以算出了不同的數目。
- 從生物學來看，生物的形質特徵會隨成長過程而改變，骨頭的數量也常會略為增減。
- 不同的地理位置或環境，也會使相同物種產生差異。因此，相同的虱目魚物種，在台灣與東南亞兩地各自生長，其魚刺數量可能略有差異，應屬自然現象。

江俊億認為，虱目魚刺的數量，既然並非定值，而是有其範圍，所以也就不必強求要確定共有幾根刺了。

03

台灣割取虱目魚無刺的魚肚

虱目魚很好吃，卻有兩百多根可能卡到喉嚨的刺，雖然有人樂於享受一邊吃、一邊挑刺的趣味，但台灣、菲律賓、印尼對虱目魚都有其除刺的食魚文化。

如何除刺？需要功夫和耐心。在台灣，最先想到的方法是「避刺」，就是割取虱目魚的腹部，稱之「魚肚」，可謂一舉兩得：

◆ 虱目魚肚是全身魚刺最少的部位，近乎無刺。

◆ 虱目魚肚是全身最肥美的部位，其油脂飽滿滑嫩，因廣受喜愛，可單獨出售，賣出好價錢。

如何割取虱目魚腹？一般從魚身側線下刀，以彎曲的弧線割取側線下方的白色魚肚部位。

依割取部位的大小，虱目魚肚可分成兩種：

◆ 小肚：只取腹部中間全是脂肪的「無刺魚肚」，稱之「小肚」。

◆ 大肚：割取整個腹部、帶有些許腹刺的「有刺魚肚」，稱之「大肚」，可增加魚肚的分量，其腹刺也不難自行挑出。

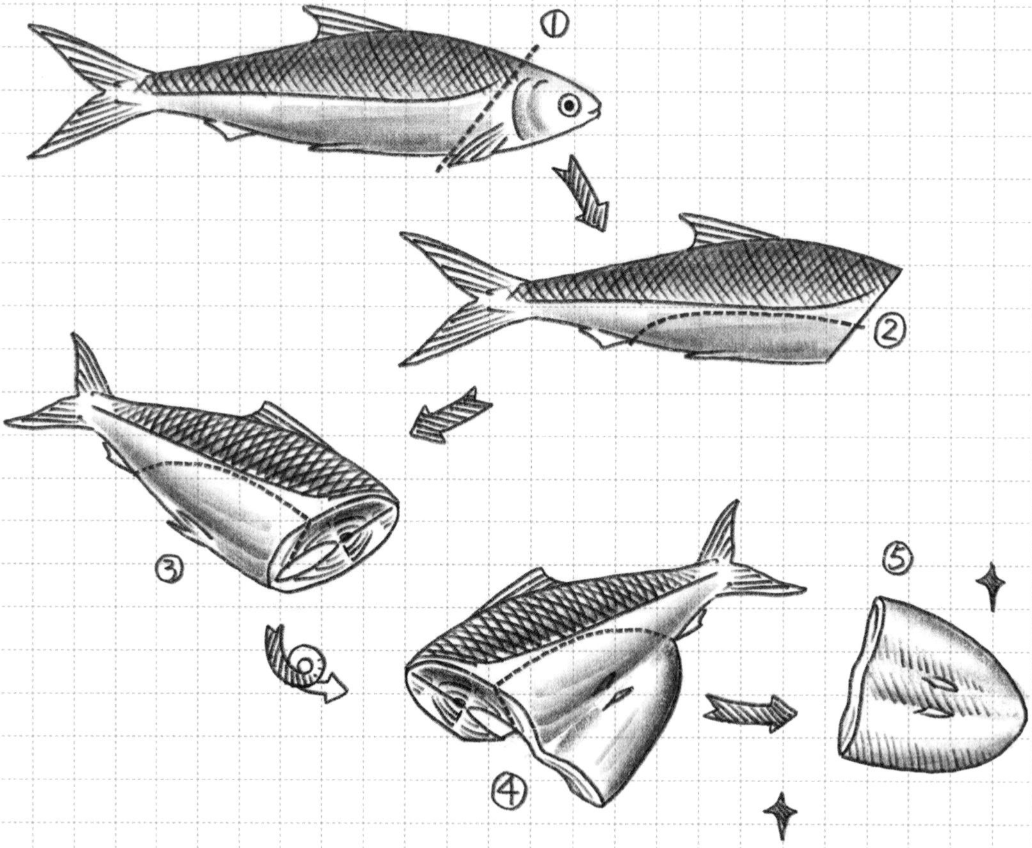

割取虱目魚腹

虱目魚肚有一層黑膜，位於腹壁、內臟之間，其功能是保護內臟，因脂肪含量很高，故呈凝膠狀，煮熟後滑嫩而無腥味。

早年淺坪式養殖的虱目魚，體型較小，在割取魚頭、魚肚單獨販售後，常見把剩餘的背肉等打成魚漿，可做成虱目魚丸。

後來深水式養殖的虱目魚，體型較大，除了切割魚頭、魚肚，也取其魚皮、魚柳（腓力）、魚嶺（背鰭肉）單獨販售。

虱目魚割取無刺的魚肚等部位，有的在菜市場魚攤處理，有的則在加工廠全程低溫處理，以保持最佳鮮度。

市場多有依據不同部位，販售虱目魚相關產品，或可購買全魚後請攤商代為處理分切

04 以日式骨切法處理虱目魚

台灣盛行日本料理，有人想到用日本料理「骨切」來處理多刺的虱目魚。

魚刺在日文稱為「魚の骨」，「骨切」就是把魚刺（骨）切斷的意思，其刀法常用來處理「灰海鰻」（鱧，ハモ，hamo），其刺多而堅硬。

只見師傅把鰻魚切掉頭尾，從腹部剖開魚身，取下背脊骨，肉上皮下鋪在板上，再以刀背厚實的「鱧包丁」切之，每一刀切下去刺斷而皮連。每一寸（約三公分）寬的魚肉，大概要切二十多刀，其間距僅零點一公分多。

「骨切」的基本原理是：人的喉嚨大約有零點五公分的空隙，如果能夠把魚的每根刺都切斷到零點二公分，就不用擔心魚刺會卡到喉嚨，或許吃的時候還會有些微刺感，但已無妨。

這是日本飲食文化的智慧，既保有魚肉的鮮美，也免了魚刺的擔心。後來，為了節省人力和時間，有些餐廳會使用高速的「骨切機」。

不過有人認為，灰海鰻（虎鰻）的刺和魚皮平行，「骨切」有其道理，但虱目魚刺生長的方向有所不同，就未必適合。

在一九九〇年代，台北日本料理師傅李榮松就曾用「骨切」來處理虱目魚。根據他的說法：

◆ 一尾虱目魚先以「三枚切」處理，把頭、尾和中骨去掉，成了兩大片的魚肉。

◆ 把魚肉鋪好，魚皮在下，用很薄很利的鋼刀，一刀一刀的橫切，每刀的間隔約零點二公分。每一刀切下去，「停刀」必須恰到好處，一定要把貼在皮邊的刺都切斷，但又不能切到皮。

◆ 切好的魚肉下鍋油煎，魚肉遇熱會自動黏合，看不出曾被切過的痕跡。

二〇二四年六月，李榮松告訴本書作者，當年他用「骨切」之法來處理虱目魚，與他共事的師傅都會操作，效果很好，也贏得很多客人的讚賞。

不過李榮松說，虱目魚的暗刺比海鰻細，其皮也比海鰻薄，所以下刀的間距要很小，又不能切到皮，必須養成手感，才能一氣呵成。

以此來看，「骨切」虱目魚確實可行，但需要刀功，又很費工，故未能流行。

不過有老台南人說，早年民族路「石舂臼」（舊地名，台語「舂」音tsing，指舂米的石臼，常被誤寫成石精臼）的無刺虱目魚粥，店主對虱目魚的背肉並非拔刺，而是切成極薄片，以達到無刺的效果。

以此來看，這就是「骨切」的手法。

05 菲律賓、印尼的整尾拔刺法

如何處理多刺的虱目魚？相對於台灣主要以「避刺」來切割成無刺的魚肚、魚柳、魚皮等部位，菲律賓、印尼大都是「整尾拔刺」，所以從外表看魚身保持完整。

這種虱目魚的「整尾拔刺」法，先刮掉魚鱗之後，其步驟如下：

◆ 把魚從頭部、背部切成腹部相連的兩半，有如日本「一夜干」的初步處理。

◆ 除去鰓、內臟，洗淨之後，魚皮在下、魚肉在上放平，以利刀切下脊椎骨及其相連的刺。

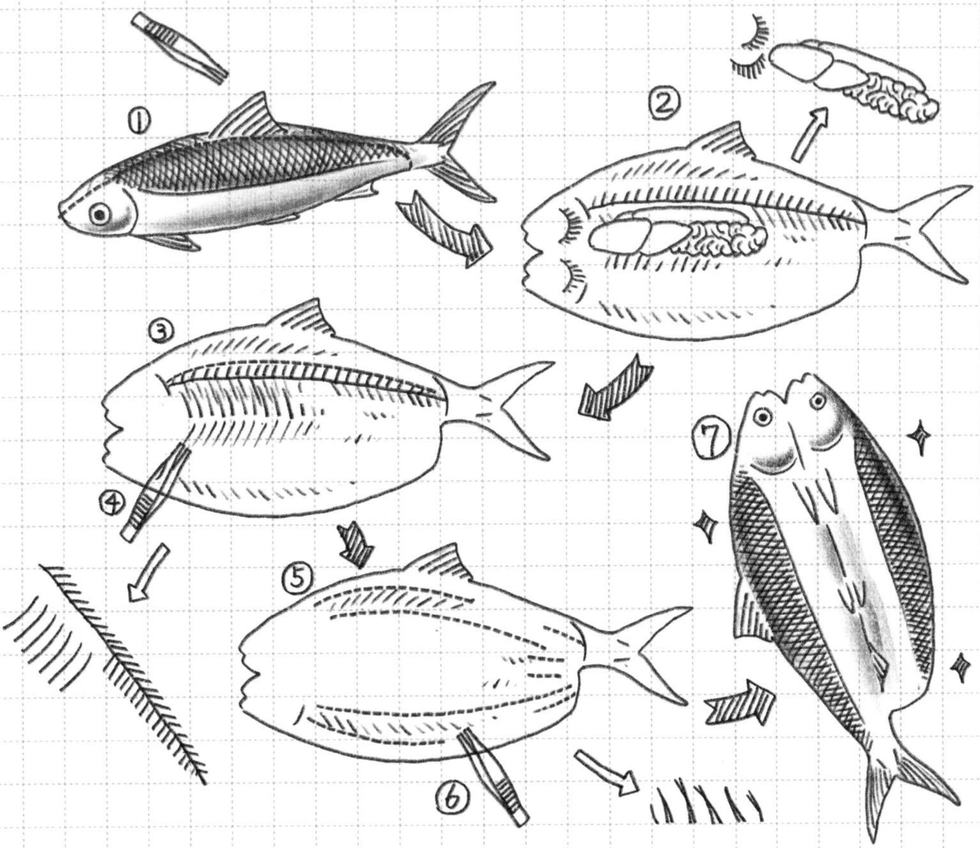

拔刺

◆以鑷子、鉗子，甚至醫療手術用的不鏽鋼止血鉗，先把腹部的肋骨夾住拔出。

◆在魚體兩側以利刀從頭向尾劃開，把鉗子放進魚肉的縫中，夾住細刺（肌間刺）拔出，如此依序把細刺全部拔光。

這種拔刺法，如果在虱目魚離水死後至僵直狀態仍保有鮮度期間進行，其魚肉肌腱會隨著魚刺被拔出，或多或少破壞了魚肉的外觀。

在台灣，整尾拔刺也有其市場，除了可以吃到魚的每個部位，有時在烹飪、祭祀上也需要使用全魚。

根據台南市一〇六年度國小學生獨立研究競賽作品中，由國立臺南大學附設實驗國民小學（南大附小）六年級學生所做的〈臺灣無刺虱目魚的緣起及其行銷推廣之探究〉，曾對台南市北門區兩間無刺虱目魚工廠進行訪談，發現台灣的虱目魚整尾拔刺源自菲律賓，約在二〇〇三年請菲律賓人專程來傳授拔刺技巧，後來台灣人繼續鑽研並加以改良，其技術已經超越當年菲律賓人的水準，速度也更快了。

該項研究指出，虱目魚整尾無刺的處理，因費時費力，故人工成本較高，但可以賣出更好的價格，而消費者也可以吃到整尾魚的美味，堪稱「創造雙贏」的產品。

虱目魚的料理學

第 7 章

虱目魚不但好吃，其烹飪方法更是五花八門，一種魚卻可以煮出那麼多種料理，在海產中相當罕見。世界三大虱目魚養殖國家印尼、菲律賓、台灣，因不同的飲食文化，各自有其特色的虱目魚料理。日本沒有養殖虱目魚，但其南部的鹿兒島縣、沖繩縣海域會捕獲野生虱目魚，雖然很少食用，但也有人做成包括刺身的各種日本料理。

01

虱目魚是鮮味之魚

虱目魚是好吃的魚，所以即使多刺，仍然受到喜愛。虱目魚的美味，來自其比一般魚類含有更多的「鮮味」。

鮮味（日文旨味，英文Umami）是人類舌頭上的味蕾所能感受的五種味覺之一，根據日本學者的研究，其成分來自昆布（海帶）的麩胺酸、鰹節（柴魚）的肌苷酸、椎茸（香菇）的鳥苷酸。其中魚類的鮮味主要來自肌苷酸，又稱次黃嘌呤核苷酸。

根據國立屏東科技大學熱帶農業暨國際合作研究所王秋木碩士論文《無刺虱目魚

丁開發之研究》（二〇〇五年）的說法：「虱目魚肌肉中含有比其他魚類更多的鮮味成分：甘胺酸、丙胺酸、次黃嘌呤核苷酸，即使虱目魚含有更多的鮮味，因其背部肉含有許多細刺，使加工利用性上受到相當程度的限制。」

此說解答了很多人心中的疑惑：虱目魚雖然多刺，但其魚肉很好吃，比很多魚好吃，卻說不出所以然。

02
台灣的虱目魚料理

台灣養殖的虱目魚，不但新鮮，而且脂肪含量高（尤其魚肚），肉質軟硬適中，可用於蒸、煎、烤、炸、滷、紅燒、煮湯等各種烹飪方法，加上台灣人將其切割成魚頭、魚肚、魚皮、魚柳（魚里肌）、魚嶺（魚背鰭肉）等無刺的部位，以及把剩肉打成魚漿做成魚丸，所以衍生琳瑯滿目的虱目魚料理。

台南是台灣虱目魚養殖的大本營，在台南的菜市場，有專賣虱目魚的攤店，除了全魚，也當場將魚分割成無刺的部位，以及打魚漿做魚丸。

在其他縣市，菜市場少見專賣虱目魚的攤店，雖然有賣整尾的虱目魚，但一般只會殺魚，不會分割成無刺的部位。

不過，台灣近年有工廠專門處理虱目魚，在新鮮進廠、全程低溫之下，可整尾去刺，或切割成無刺的部位，剩肉則打漿做魚丸，再真空冷凍包裝，並提供網購宅配服務，這是食品安全管制系統HACCP（危害分析重要管制點）規範及冷鏈物流的產品。

虱目魚丸湯

台灣常見的虱目魚料理如下：

◆ **虱目魚頭：**滷虱目魚頭，可加醬油、豆豉、醬筍、醃瓜仔、破布子、鳳梨豆醬等。

◆ **虱目魚肚：**乾煎、煮湯、煮粥、燒烤、醬滷、紅燒等。

◆ **虱目魚皮：**煮湯、煮粥、紅燒、醬煮等。

滷虱目魚頭

虱目魚肚粥

乾煎虱目魚

虱目魚粥

◆ **虱目魚柳：**蔥燒、煮粥、清炒、裹粉油炸等。

◆ **虱目魚嶺：**乾煎、燒烤、鹽酥、一夜干等。

◆ **虱目魚丸：**一般煮湯。

03

台南特有的虱目魚料理

台南人吃虱目魚講求鮮度，特別在夜晚甚至天亮前撈捕，隨即送往最近的市場，其鮮度最高。

另外，為了減少魚腥味，除了在撈捕的

漁民在青鯤鯓漁港邊，曬虱目魚魚嶺，之後可做成美味的乾煎虱目魚

前一天即不再餵食，撈捕前還要「弄魚」在水中跳躍，把胃腸裡未消化的殘留物排泄出來，故其魚腸乾淨可食。

以下是在台南相對比較特別的虱目魚料理：

◆ **虱目魚腸**：一尾虱目魚只有一副魚腸，包括相連的腸、胃（胗）、肝，肝軟嫩，胃有脆度，腸的口感有如豬粉腸，可汆燙、醬滷、乾煎等。

虱目魚攤店賣的一碗虱目魚腸，至少要使用五副，所以必須有大量的虱目魚才能供應魚腸，而且有其限量。虱目魚腸又講求新鮮無腥味，所以台南產地較能滿足需求。

◆ **虱目魚臍**：號稱是虱目魚的「肚臍」，即一塊魚肚中靠近腹鰭的小塊肉，可說是整尾魚最肥美、軟嫩的部位，有滷、紅燒等煮法。

◆ **虱目魚五柳枝**：這道台南的古早味料理，始於祭祀要用全

煎小虱目魚非常好吃，是台南養殖人家才有的菜色

魚，先將虱目魚炸熟、祭祀之後，再煮成「五柳枝」的魚料理。

整尾虱目魚可先去骨拔刺，再裹粉酥炸。另以酸筍、金針、香菇、黑木耳、紅蘿蔔五種蔬菜（五種會略有差異），切成絲狀，以醋、糖、醬油、辣椒調味，炒成湯汁，再以番薯粉勾芡，然後淋在魚上，即成口味酸、甜、微辣，魚肉外酥內嫩的節慶料理。

◆ **酸魚湯**：虱目魚的湯料理，一般煮成薑絲魚湯，但在台南也常見煮成「酸魚湯」。

台灣文獻記載最早的酸魚湯，其酸來自以鹽漬青芒果發酵而成的「鹹檨仔青」。

清乾隆九年至十二年（一七四四～一七四七）巡臺御史滿人六十七《臺海采風圖》：「番檨……臺產也，切片醃久更美，名曰蓬萊醬。」

日本時代台南文人連橫《臺灣通史》：「檨為台南時果。未熟之時，削皮漬鹽，可以為羞（饈），或煮生魚，其味酸美……然非臺南人不知此味。」

除了鹹檨仔青，今天台南人也常以「西瓜綿」煮虱目魚湯。鹹檨仔青、西瓜綿，都是利用果樹「疏果」時採集，以生果切片鹽漬發酵而成，用來煮酸魚湯非常美味。

此外，醃瓜仔（酸越瓜）、酸菜（芥菜）、酸菜頭、高麗菜酸、酸白菜、酸筍絲等，也都可以煮虱目魚湯。

虱目魚腸

虱目魚五柳枝

虱目魚臍

鹹檨仔青虱目魚湯

西瓜綿虱目魚湯

04 菲律賓的虱目魚料理

菲律賓是食用虱目魚的大國，在處理上可整尾除刺，也常以輪切烹飪，著名的虱目魚料理如下：

- Kinilaw na bangus（**醋或酸橘醃漬生虱目魚**）：把魚切成小塊，浸漬在醋或酸橘汁中，其酸會軟化魚刺，並讓魚肉因蛋白質變性而有煮熟的口感，可再加香料、高湯增添風味。這是源自西班牙Ceviche的海產料理，流行於南美洲。
- Sinigang na bangus（**羅望子虱目魚湯**）：羅望子（Tamarindus indica）的英文Tamarind，又稱「酸豆」，煮虱目魚湯有獨特的酸味。
- Paksiw na bangus（**醋煮虱目魚**）：把魚輪切，加入茄子或秋葵等蔬菜，以醋燉煮，很下飯的菜。
- Tinapang Bangus（**煙燻虱目魚**）：整尾魚洗淨除刺，先浸泡鹽水、煮過，再以糖、米、茶葉煙燻至金黃色。

羅望子虱目魚湯

醋煮虱目魚

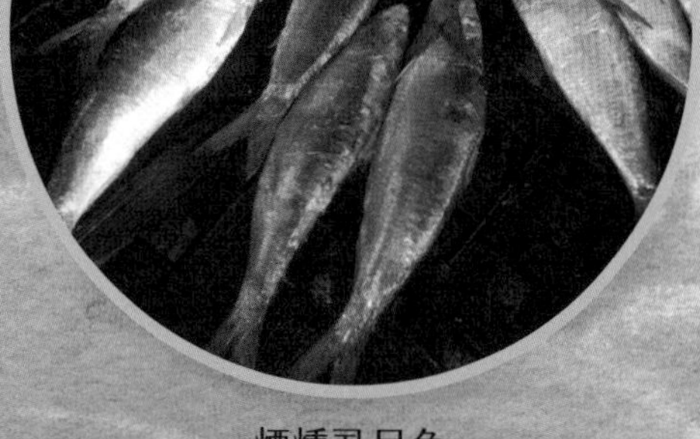

煙燻虱目魚

05

印尼的虱目魚料理

虱目魚在印尼也廣泛食用，尤其成為瓜哇島的特產，常見整尾除刺，著名的虱目魚料理如下：

- Bandeng asap（**煙燻虱目魚**）：以整尾魚除刺製作，先以鹽醃過，然後再烤，最後以木屑煙燻，使魚身呈黃色。
- Sate Bandeng（**沙嗲串燒虱目魚**）：整尾魚或去頭，以竹籤串過頭尾燒烤，流行於西瓜哇的萬丹（印尼語Banten）。
- Bandeng presto（**酥炸軟刺虱目魚**）：先以蒸氣壓力鍋把整尾虱目魚的魚骨及細刺全部煮軟，然後再裹粉油炸，搭配蔬菜，全魚可食，流行於中瓜哇的三寶壟（印尼語Semarang）。

印尼街頭的煙燻虱目魚

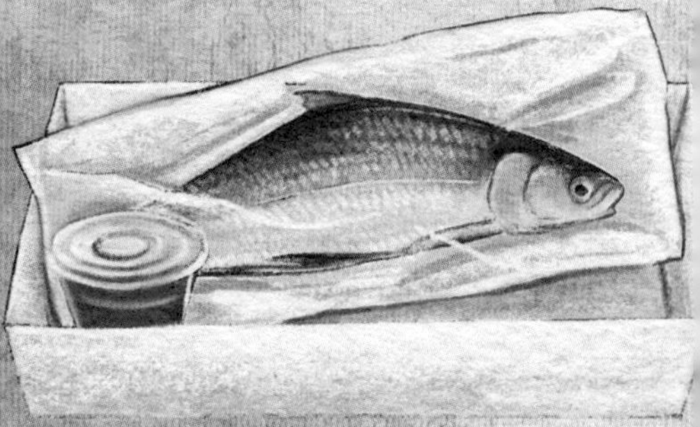

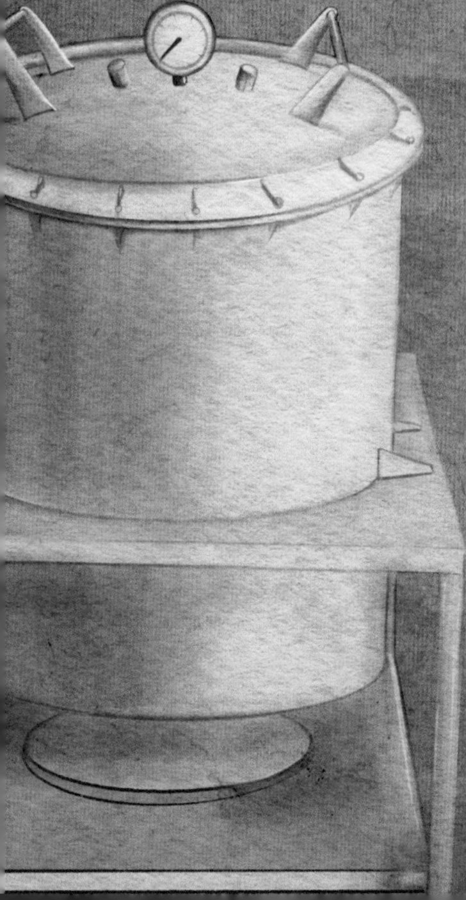

沙嗲串燒虱目魚

06 虱目魚罐頭

很多人不知道台灣也有虱目魚罐頭，相對於常見的鯖魚罐頭，其肉質因脂肪含量高而較嫩，價格也較貴。

台灣在日本時代建立現代漁業，並設立水產學校。當時台灣也開始製造各種魚罐頭，除了使用黑潮帶來的大量鯖科魚類（鯖、鰹、鰆、鮪）及旗魚外，也使用養殖的虱目魚。

台南是虱目魚養殖大本營，所以當時台南安平水產專修學校就有製造「燻製虱目魚罐頭」。

目前，台灣的虱目魚罐頭幾乎都是番茄汁口味，較大的品牌除了「同榮」、「三興」，還有台南七股的「魚多多」、台南將軍的「日寶」、台南虱目魚主題館的「鮮活魚罐頭」等。另有紅燒、油漬等口味的虱目魚罐頭，但較少見。

虱目魚罐頭

菲律賓的虱目魚罐頭，常見的有油漬、Sisig（洋蔥、辣椒混合）、Spanish style（蒜、月桂葉、黑胡椒、胡蘿蔔、綠橄欖、橄欖油混合）等口味。

印尼的虱目魚罐頭，最有名的是Sambal Terasi（叁巴辣蝦醬）口味。

07 全魚利用

台灣人喜歡吃虱目魚，加上虱目魚營養豐富，所以虱目魚在台灣已被「全魚利用」，符合「永續發展」。

聯合國鼓勵的「永續發展」（Sustainable Development），強調發展應該兼顧環境保護，發展雖然要滿足當代人的需要，但也不能損及後代人的需要。

當今人類面臨海洋漁源枯竭，虱目魚是符合永續發展的養殖魚類，也是解決糧食問題的優良魚種。另一方面，為了降低食物里程，也要減少進口水產品。

在台灣，虱目魚除了生鮮食用，包括各種部位及內臟，也加工製造魚丸、罐頭、魚鬆、魚酥、魚餅、香絲、香腸、水餃等。

在生技方面，虱目魚可製造魚精、魚露，虱目魚鱗可提煉膠原蛋白，除了製造保健美妝產品，也能製造紡織機能布料。

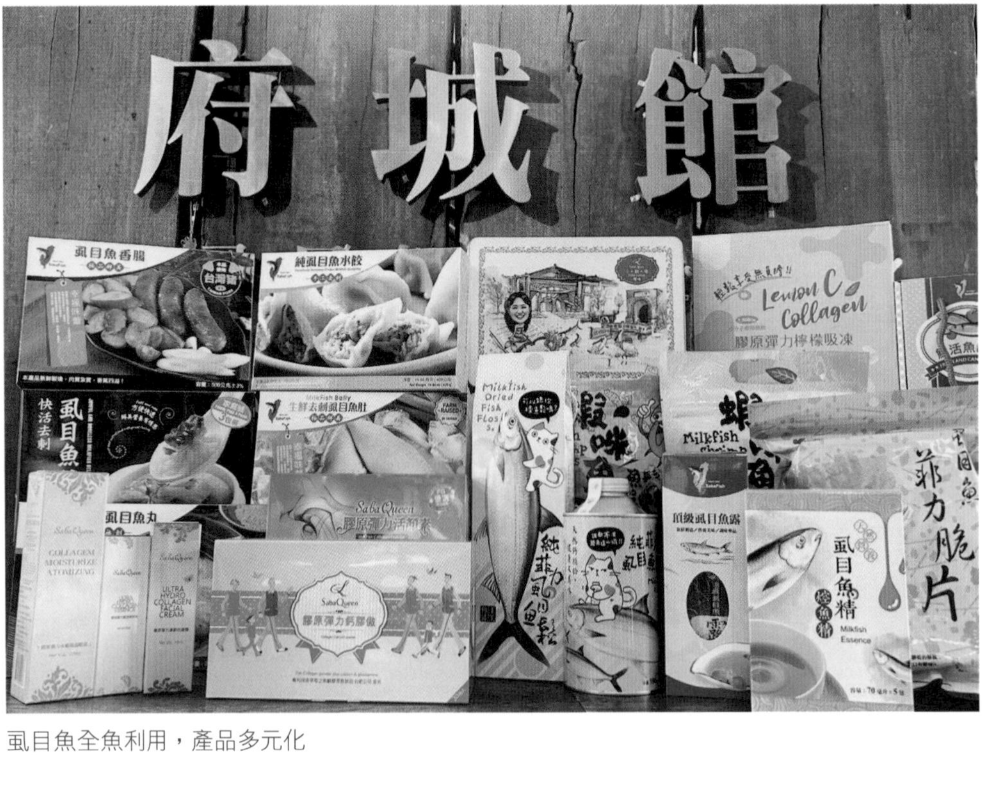

虱目魚全魚利用，產品多元化

08

外銷市場

台灣虱目魚的外銷市場，主要是美國及中東的沙烏地阿拉伯、阿拉伯聯合大公國，很多人不明白，心想：美國人、阿拉伯人吃虱目魚嗎？

事實上，目前全世界有食用虱目魚習慣的人，大都來自虱目魚養殖大國印尼、菲律賓、台灣。台灣虱目魚能夠銷到美國和中東，因為當地有大量的「菲律賓海外勞工」（Overseas Filipino Worker，OFW）。另一方面，美國也有很多台灣人喜歡吃虱目魚，這是他們解決鄉愁的「思慕魚」。

二〇一一年至二〇一六年，中國福建水產商曾以契作購買台南學甲的虱目魚，因為是「政治採購」，其實對岸沒有虱目魚文化，所以最後宣告終止。

台灣虱目魚的外銷產品，早年是整尾未刮鱗、未除內臟的「條凍」貨，但近年推出整尾去刺，以及分割無刺魚肚等部位的產品，並採用真空冷凍包裝，已開始在海外有台灣人消費的超市銷售。

今日虱目魚已可以分割成多種部份冷凍及加工外銷出口

虱目魚的營養學

第8章

虱目魚以英語「牛奶魚」（Milkfish）之名通行世界，其最早的命名由來，可能來自外表的顏色，而非營養豐富如牛奶，但虱目魚確實是營養豐富的魚類。自古以來，魚類一直是人類蛋白質食物的重要來源。虱目魚不但含有豐富的蛋白質，也含有豐富的脂肪酸、礦物質、維生素等，常吃虱目魚有益身體健康。

01 優質蛋白質

虱目魚富含優質蛋白質，利於人體消化及吸收，有助肌肉養成，以及兒童發育。

虱目魚的蛋白質含有十七種胺基酸，其中有九種是人體所需但無法自行合成、需要仰賴食物補充的「必需胺基酸」（Essential amino acid）：蘇胺酸（Threonine）、纈胺酸（Valine）、白胺酸（Leucine）、異白胺酸（Isoleucine）、甲硫胺酸（Methionine）、離胺酸（Lysine）、苯丙胺酸（Phenylalanine）、色胺酸（Tryptophan）、組胺酸（Histidine），構成「完全蛋白質」。

虱目魚的蛋白質也含有豐富的膠原蛋白、酶（酵素）。

根據農業部《食農教育資訊整合平臺》，成人每天食用兩百公克的虱目魚，就可以攝取超過每日所需蛋白質含量一半以上。

02 優質脂肪

虱目魚富含魚脂，尤其是魚肚部位，其脂肪酸主要是「不飽和脂肪酸」，相對於紅肉的「飽和脂肪酸」，對人體的負擔較小，如果適量攝取，將有助抗發炎，提升免疫力，並降低心血管疾病的發生率。

虱目魚的脂肪酸，主要是人體所需但無法自行製造、需要仰賴食物補充的「必需脂肪酸」（Essential fatty acid），包括Omega-3不飽和脂肪酸的EPA、DHA，以及Omega-6不飽和脂肪酸的亞油酸（LA）。其他還有不飽和脂肪酸的油酸、飽和脂肪酸的棕櫚酸等，為優質脂肪。

根據農業部《食農教育資訊整合平臺》，虱目魚的脂肪酸組成中，「不飽和脂肪酸」的含量超過半數，尤其EPA、DHA含量高，EPA 有助降低血脂質，DHA有益人體神經、視覺系統及腦部發育功能。

03 虱目魚自帶檸檬味

虱目魚鮮美好吃，還有人指虱目魚「自帶檸檬味」，也就是說帶點天然的酸味，這種說法有根據嗎？

其實，古代已有人吃出虱目魚的「微酸」之味。清康熙王禮《臺灣縣志》（一七二〇年）：「麻虱目，生海塭中，水紋所結者，形如子魚，味雖清而帶微酸。」文中的

「子魚」，就是諧音的「鯔魚」，即烏魚。本文說虱目魚長得很像烏魚，其味清而不腥，帶點酸味。

越南也養殖虱目魚，一般根據英語稱之「牛奶魚」，但地方上也有稱之「酸魚」（Cá chua），在網路銷售指其肉質含天然的淡酸風味。

虱目魚的酸味，推測因虱目魚富含脂肪酸、胺基酸而魚肉較酸。

04 礦物質

虱目魚也含有豐富的礦物質，有助維持人體的正常生理機能。

礦物質是人體無法自行合成的化學元素，有些是人體所需的營養素，包括鈣、磷、鉀、鈉、鎂、硫等主要礦物質，以及鐵、鈷、銅、鋅、錳、鉬、碘、硒、氯等微量礦物質。

虱目魚所含的礦物質，包括硫、磷、鉀、鎂、鈣、鈉、銅、鐵、鋅、錳、硒等，都有助促進人體健康。

05

維生素

虱目魚也含有豐富的維生素，有助調節人體的新陳代謝作用。維生素是人體無法自行合成的有機化合物，需要從食物獲取的微量營養，包括四種脂溶性維生素A、D、E、K，九種水溶性維生素B、C。

虱目魚含有維生素A、維生素B（B1、B2、B3、B5、B6、B9、B12）、維生素C、維生素D、維生素E等。

人體所需要的營養素，共有四大類：必需胺基酸、必需脂肪酸、礦物質、維生素，虱目魚都含量豐富，堪稱營養完整。

06

野生與養殖虱目魚營養成分差異

台灣是虱目魚養殖大國，但台灣海域也有野生虱目魚，兩者的魚肉在營養成分上有何差異？

一般來看，野生虱目魚體型較大、背部較黑、尾鰭較長，但養殖虱目魚的腹部油脂明顯較多，其胃（胗）、肝也較大。

對比野生、養殖虱目魚的生化成分，涉及採樣的不同，尤其養殖虱目魚因鹽度、水深、飼料等飼養方式的不同，其生化成分也會有所差異。

根據國立臺灣海洋大學食品科學系謝孟芳碩士論文《不同養殖方式與野生虱目魚之生化特性比較》（二〇一〇年）的說法：

- 養殖魚、野生魚的蛋白質含量皆在百分之二十以上，以野生魚含量最高。養殖魚的蛋白質含量百分之二一點四八至二六點三三（高於鮭魚，接近鮪魚）。
- 養殖魚的脂肪含量百分之七點三六至十一點一四，明顯高於野生魚。
- 不同養殖魚間之脂肪含量差異亦大，其腹肉脂肪含量皆高於背肉。

◆ 養殖魚腹肉脂肪含量之多寡，與飼料中之脂肪含量有關，初步判斷飼料中添加的油脂種類以植物油為主。

◆ 野生魚的Omega-3不飽和脂肪酸（EPA、DHA）、Omega-6不飽和脂肪酸的含量都比養殖魚高。

◆ 養殖魚在抗氧化試驗中的還原能力，並沒有顯著差異。野生魚清除DPPH自由基能力（抗氧化能力）較養殖魚強。

根據行政院農業部水產試驗所《水產研究》（二〇〇四年）彭昌洋、蔡雪貞〈養殖和野生虱目魚化學組成分之比較〉的說法：

◆ 養殖魚或野生魚的蛋白質均屬高品質蛋白質，但野生魚「粗蛋白」（Crude protein，真蛋白質及含氮物）的含量較養殖魚高。

◆ 養殖魚的肥滿度顯著大於野生魚，養殖魚的「粗脂肪」（Crude fat，真脂肪及類脂肪）遠高於野生魚。

◆ 養殖魚因脂肪含量較高而肉質較軟，其腹肉較背肉蓄積更多脂肪，故虱目魚腹肉受到消費者偏好。

◆ 養殖魚之「飽和脂肪酸」較低，「單不飽和脂肪酸」較高。養殖魚、野生魚的「多不飽和脂肪酸」則無顯著差異。

◆ 養殖魚脂肪酸差異的原因，推測主要是飼料的影響。

上述兩項研究，前者指野生魚的Omega-3不飽和脂肪酸（EPA、DHA）、Omega-6不飽和脂肪酸的含量都比養殖魚高，Omega-3、Omega-6都屬「多不飽和脂肪酸」，但後者指養殖魚、野生魚的「多不飽和脂肪酸」無顯著差異。

養殖虱目魚腹部油脂較多

圖片來源

本書繪圖除非特別標示，均出自《虱目魚的世界地圖》（繪者：江勻楷）

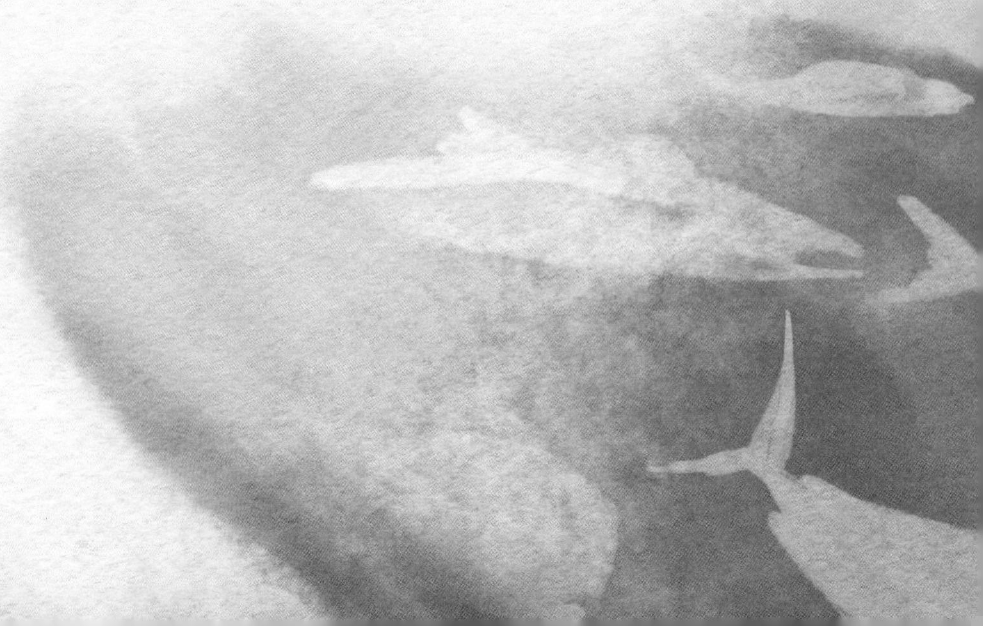

第1章

虱目魚近親化石。來源：https://commons.wikimedia.org/wiki/File:Chanidae_-_Dastilbe_species.JPG（2024.9.27）

福斯科爾。來源：https://commons.wikimedia.org/wiki/File:Peter_Forsskaal_year1760.jpg（2024.9.27）

虱目魚經常張開嘴巴。來源：https://commons.wikimedia.org/wiki/File:Chanos_chanos.jpg（2024.9.27）

虱目魚的特徵。林哲緯繪圖。

虱目魚的幼魚。來源：https://commons.wikimedia.org/wiki/File:Chanos_chanos_by_OpenCage.jpg（2024.9.27）

第2章

印尼烤虱目魚。來源：https://commons.wikimedia.org/wiki/File:Milkfish_bandeng.JPG（2024.9.27）

菲律賓的虱目魚節。來源：https://commons.wikimedia.org/wiki/File:Bangus_Festival_of_Dagupan_City.jpg（2024.9.27）

第3章

魚苗。作者提供。

鄭成功。來源：https://commons.wikimedia.org/wiki/File:The_Portrait_of_Koxinga.jpg（2024.9.27）

1921日治二萬五千分之一地形圖。來源：地理資訊科學研究專題中心「臺灣百年歷史地圖」。https://gissrv4.sinica.edu.tw/gis/twhgis.aspx

彼得・福斯科爾命名的chanos。來源：https://commons.wikimedia.org/wiki/File:F-MIB_42369_Chanos_chanos_%28Forskai%29.jpeg（2024.9.27）

被認為和虱目魚很像的「鯔魚」（一八八七年George Brown Goode繪製）。來源：https://commons.wikimedia.org/wiki/File:Mugil_cephalus.jpg（2024.9.27）

日本時代的養殖。作者：勝山吉作。烏樹塭的虱目魚養殖。典藏者：中央研究院。數位物件典藏者：中央研究院數位文化中心。公眾領域標章（Public Domain Mark）。發佈於《開放博物館》https://openmuseum.tw/muse/digi_object/9ffc06a23480171e2e585769e934a82d#8247（2024.09.27）。

台南的虱目魚主題館。來源：作者提供。

第4章

廖一久。來源：作者提供。

林烈堂。來源：作者提供。

林烈堂培養出黃金虱目魚。來源：*Milkfish Aquaculture in Asia*, Edited By: I.C. Liao and E.M. Leano, 2010.

虱目魚凍死。來源：作者提供。

傳統虱目魚越冬溝。來源：作者提供。

越冬溝的雙層結構。來源：*Milkfish Aquaculture in Asia.*

淺坪式養殖放水曬池。來源：虱目魚主題館。

現代深水養殖備有自動餵魚機和抽水機。來源：*Milkfish Aquaculture in Asia.*

模擬光電結合虱目魚養殖。來源：虱目魚主題館。

第5章

吳新華及採訪照。來源：作者提供。

在魚塭工作。來源：作者提供。

漁民收寸魚。來源：作者提供。

早期淺坪式收成。來源：作者提供。

算魚。來源：作者提供。

弄魚。來源：作者提供。

撈魚。來源：作者提供。

南彎北直。作者提供。

第6章

魚市場。來源：作者提供。

第7章

虱目魚魚丸湯、滷虱目魚頭、虱目魚肚粥、乾煎虱目魚、虱目魚粥。來源：作者提供。

漁民曬魚嶺。來源：作者提供。

煎小虱目魚。來源：作者提供。

虱目魚腸、虱目魚臍、鹹様仔青虱目魚湯、西瓜綿虱目魚湯。來源：作者提供。

菲律賓虱目魚羅望子湯。來源：https://commons.wikimedia.org/wiki/File:1613Sinigang_na_Bangus_Bugaong_sa_sampalok_21.jpg（2024.9.30）

菲律賓醋煮虱目魚。來源：https://commons.wikimedia.org/wiki/File:Sinigang_na_Bangus_sa_Biyabas_02.jpg（2024.9.30）

菲律賓煙燻虱目魚。來源：https://commons.wikimedia.org/wiki/File:09828jfBulakan,_Bulacan_Public_Market_Foodsfvf_21.jpg（2024.9.30）

印尼煙燻。來源：https://commons.wikimedia.org/wiki/File:Bandeng_Asap,_Indonesian_Smoked_Milkfish.JPG（2024.9.30）

印尼沙嗲虱目魚。來源：https://commons.wikimedia.org/wiki/File:Sate_Bandeng_2.jpg（2024.9.30）

虱目魚罐頭。來源：作者提供。

全魚利用。作者提供。

虱目魚冷凍及加工外銷出口。作者提供。

第8章

養殖虱目魚腹部油脂比較多。來源：作者提供。

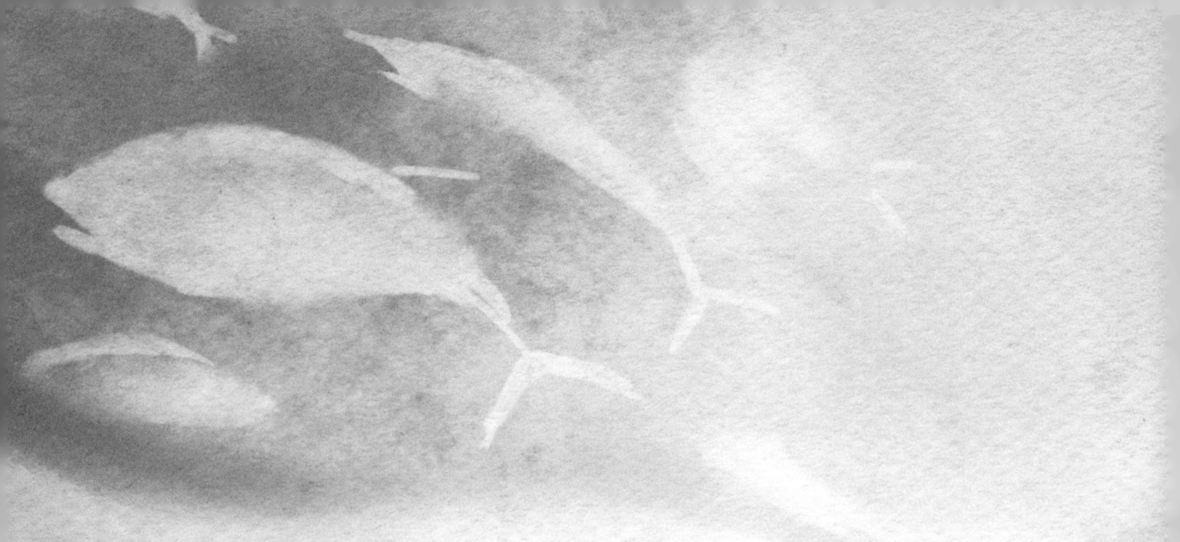

索引

魚名、別名、稱號

專有名詞

人名

文獻

其他

虱目魚的身世：從台灣到世界，從產地到餐桌的完全考察

作　　者　曹銘宗、盧靖穎
責任編輯　張瑞芳
校　　對　張瑞芳、童霈文
版面構成　簡曼如
封面設計　黃子欽
行銷總監　張瑞芳
行銷主任　段人涵
版權主任　李季鴻
總 編 輯　謝宜英
出 版 者　貓頭鷹出版OWL PUBLISHING HOUSE

事業群總經理　謝至平
發 行 人　何飛鵬
發 行 所　英屬蓋曼群島商家庭傳媒股份有限公司城邦分公司
115台北市南港區昆陽街16號8樓
劃撥帳號　19863813／戶名：書虫股份有限公司
城邦讀書花園：www.cite.com.tw／購書服務信箱：service@readingclub.com.tw
購書服務專線：02-25007718～9／24小時傳真專線：02-25001990～1
香港發行所　城邦（香港）出版集團有限公司／電話：(852)25086231／hkcite@biznetvigator.com
馬新發行所　城邦（馬新）出版集團／電話：603-9056-3833／傳真：603-9057-6622
印製廠　中原造像股份有限公司

初　　版　2024年12月
定　　價　新台幣480元／港幣160元（紙本書）
新台幣336元（電子書）
ISBN　978-986-262-720-4（紙本平裝）／978-986-262-719-8（電子書EPUB）

讀者意見信箱　owl@cph.com.tw
投稿信箱owl.book@gmail.com
貓頭鷹臉書　facebook.com/owlpublishing/
【大量採購，請洽專線】(02)2500-1919

本書採用品質穩定的紙張與無毒環保油墨印刷，以利讀者閱讀與典藏。

國家圖書館出版品預行編目(CIP)資料
虱目魚的身世：台灣養殖400年，從產地到餐桌的完全考察｜曹銘宗，盧靖穎(虱目魚女王)著｜初版｜臺北市｜貓頭鷹出版｜英屬蓋曼群島商家庭傳媒股份有限公司城邦分公司發行｜2024.12｜　面；　公分
ISBN 978-986-262-720-4(平裝)
1.CST: 魚產養殖 2.CST: 飲食風俗 3.CST: 臺灣文化　｜438.661｜113015444